# 深海孤狼
## 現代潛艦科技與戰術
## 入門圖解

知られざる潜水艦の秘密
海中に潜んで敵を待ち受ける
海の一匹狼

柿谷哲也——著

張詠翔——譯

燎原出版

## 作者簡介

## 柿谷哲也（Kakitani Tetsuya）

1966 年生於日本神奈川縣橫濱市。以各國陸海空軍為採訪主題的自由攝影、撰稿記者。主要著作包括《海上保安「裝備」のすべて（海上保安廳「裝備」大全）》、《災害で活躍する 物たち（活躍於救災的各種載具）》、《知られざる空母の秘密（不為人知的航艦秘密）》、《イージス艦はなぜ最強の盾といわれるのか（神盾艦為何被稱作最強之盾）》等。除了日本之外，也投稿許多海外航空雜誌、軍事雜誌。日本航空攝影師協會會員。航空記者協會會員。

日版排版文字編排和設計指導：株式会社ビーワークス、クニメディア株式会社
插圖／井上行広
繁體中文版排版：簡至成

# 前　言

　　筆者曾採訪過許多部隊與艦艇、飛機，著實體會以國防事務為工作的職場真是處處充滿自信與榮譽。在各種採訪過程中，最令我覺得「如果還有下輩子，一定要從事」的單位，就是潛艦部隊。

　　除此之外，不僅追蹤偵察潛艦的航空部隊、救援潛艦的潛艦救難艦也充滿了魅力，為了潛艦部隊默默蒐集海洋資料的部隊，以及負責與潛艦通聯的通訊部隊同樣很有價值（由於機敏性甚高，因此從未獲准採訪）。

　　從日本國民的眼光來看，與潛艦作戰有關的事物，簡直就是「一肩扛起國防最前線重擔，潛藏深海執行秘密任務的好漢領域」。也因為如此，以潛艦為主題的電影與小說才會如此繁多吧。曾有潛艦官兵表示：「電影《獵殺紅色十月》（ *The Hunt for Red October* ）呈現的氣氛真的很到位。」進入潛艦採訪時，當艙蓋一關上，艦長下達「潛航！」命令時，各員旋即繃緊神經，頓時令人感到「果真和電影演的一樣啊」。

　　潛艦的確是種有趣的兵器，在人類無法生存的嚴酷水下環境，只能仰賴科學的力量；包括足以耐受水壓的艦體構造、攸關官兵性命的空氣循環、有限的水下通訊手段等等，不僅所需技術與水面艦艇大相逕

庭，且只要有一個環節出錯便足以致命，除了要有高階科學技術與安全性之外，也得建立備援機制。高性能潛艦具備這些條件後，還須有優秀官兵上艦操作，唯有盡可能增加有效運用潛艦數量，才足以發揮潛艦的本質功能。美國海軍某位神盾驅逐艦艦長曾說：「若在演習海域出現國籍不明潛艦，就得調整在該海域的演習計畫」，可見對水面艦而言，潛艦是多麼棘手的存在。

雖然潛艦可說是軍艦的頂點，但它仍有強敵得要應付，那就是潛艦本身無法偵測到來自空投魚雷的攻擊。航艦與驅逐艦之所以會搭載多架反潛直升機，就是因為它最能有效對付潛艦。水面艦怕潛艦，潛艦怕飛機，飛機則怕防空飛彈——有鑑於此，潛艦也有發展出以飛彈對付飛機的技術。然而，若潛艦真的對空發射飛彈，那它本身的位置也會曝光，可以說是把「兩面刃」。決定是要抱持一發必中的覺悟發射防空飛彈，還是默默躲回海底——艦長必須扛起全責下達決心。

對潛艦性能帶來最大影響的因素，可說是在艦長以下各個官兵的資質。長達數天要在狹窄艦內統御所有官兵，並且揹負國家重大使命，艦長的責任感以及各官兵的人際調和能耐，正是潛艦發揮戰力的關鍵。水面艦官兵若有急症或受傷，可利用直升機後送至陸地，但潛艦則無法這麼做。潛艦官兵必須時刻注意健康管理，連有顆蛀牙都不行。

除此之外，具備接觸國家最高機密的責任感也很重要。官兵出門值勤，什麼時候可以回家連妻子都不得告知，有些眷屬甚至會由老公帶走幾件內褲來推算出門的日子。年輕潛艦官兵甚至常說，「因為無法跟

女友透漏工作內容，所以常在回港後就被兵變，卻反而越挫越勇」。潛艦官兵的素質之高，應該會讓一般企業的人事部門感到垂涎欲滴吧。能夠進入尖端科技結晶、國家安全保障最前線的潛艦中服勤，潛艦官兵可說是最頂尖的秀才集團。

本書能夠介紹的，僅是潛艦活動眾多機密之外的一小部份。若能透過這些知識，進一步延伸窺看其任務樣貌與職場魅力，筆者寫這本書的出發點就值得了。

「歡迎來到潛艦的世界！」

2016 年 8 月　柿谷哲也

# CONTENTS

左側直書：現代潛艦科技與戰術入門圖解

深海孤狼

# CONTENTS

# 第 1 章

# 什麼是潛艦？

透過兩次的世界大戰，潛艦確立其在海軍所占的重要地位，後來更是經由冷戰時期發展至戰略兵器頂峰。本章將針對美國、德國、日本的潛艦歷史關聯性進行解說。

太平洋戰爭期間的 1942 年 4 月，自馬來亞西海岸、日本海軍據點的檳城港出港的日本海軍「伊 10」潛艦

# 世界首艘潛水艇？
## ～現代特種作戰的起源

時至今日，潛艦已是海軍兵器的頂點，必須耗費千辛萬苦才有辦法驅逐，是個棘手的強敵。但在潛艦剛發明的 200 多年之前，應該任誰也無法想像這款兵器將來會發展成「最強而有力的海軍兵器」吧？

潛水艇是在 1775 年由美國人大衛・布希內爾（David Bushnell）發明，1776 年用於美國獨立戰爭（1775 年至 1782 年）的烏龜號（Turtle）潛艇，是世界首次應用於實戰的潛水艇。烏龜號是一艘蛋形的單人潛水艇，靠踩踏板轉動螺旋槳，並沒有配備武裝。它採用的戰術是潛至敵艦正下方，以鑽子向上對船底鑽孔，讓其浸水沉沒。

雖然這種戰術實際上並不怎麼管用，但仍可說是現代海軍特種部隊搭乘潛艇接近停泊艦，裝設吸附式爆裂物（Limpet mine）的特種作戰起源※。也就是說，最早的潛艇是在 200 多年前被用來當作特種作戰的手段。

1864 年登場的美國南方邦聯（南軍）漢利號潛艇（CSS *H. L. Hunley*）全長 12 公尺，有 8 名乘員，以手動旋轉螺旋槳推進。它在艇外配備裝掛式水雷，成功以此擊沉北軍的蒸汽戰鬥帆船豪薩通尼克號（USS *Housatonic*）。這項戰果是潛艦史上首次擊沉敵艦，漢利號潛艇發揮的功能，可說是與現代潛艦相同。

1900 年，造船技師約翰・飛利浦・霍蘭（John Philip Holland）研製一款全長 19 公尺、水下排水量 74 噸的霍蘭型潛艇。它不僅是美利堅合眾國海軍首艘潛艇，也是搭載內燃機的現代潛艦的原點。德國也注意到潛艦的有效性，於第一次世界大戰擊沉 4 艘英國巡洋艦，並對商船發動攻擊，實施通商破壞，對世界展現潛艦的威脅性。德國在第一次世界大戰結束前，曾經擁有 75 艘 U 艇服役。

※編註：其中最著名的案例，是發生在 1941 年 12 月 19 日，英國位於埃及亞歷山大港
　　的軍艦，遭受義大利海軍蛙人裝備的潛爆艇執行爆破作戰最為人知。中華民國海軍遷
　　台之後，曾引入義大利的 CE2F 潛爆艇，命名海昌艇。

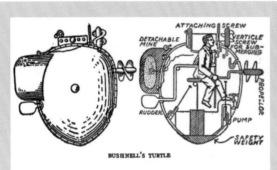

布希內爾於 1775 年
發明的烏龜號，以手
動旋轉前進後進用、
上升下降用的 2 組螺
旋槳

賀拉斯・L・漢利研
製的潛艇，在他死後
由南方邦聯引進，曾
以裝掛式水雷擊沉北
軍的蒸汽戰鬥帆船豪
薩通尼克號

霍蘭型潛艇。由約
翰・飛利浦・霍蘭研
製，美國、英國、荷
蘭、加拿大、沙俄、
日本也曾建造。圖為
日本組裝的「第一型
潛艇」

# 1-2 第二次世界大戰的 U 艇
## ～集體襲擊商船

　　1936 年以降，德國在第二次世界大戰結束之前總共推出了 13 型、1,156 艘 U 艇（U Boat）。U 艇的主要戰術比照第一次世界大戰，於第二次世界大戰也擊沉了許多同盟國陣營商船，執行通商破壞作戰。開戰當時，由於 U 艇多會針對單獨航行的商船下手，因此英國海軍會組成船團並加以護衛，使得 U 艇也開始出現損失。德國潛水艦隊司令卡爾‧鄧尼茲少將（Karl Dönitz）因而想出以 U 艇集群（10 艘左右，多則會超過 30 艘）襲擊英國商船團的狼群戰術。

　　狼群戰術首先將會派出 1 艘 U 艇浮航偵巡，捕捉到船團後，以無線電通知後續 U 艇前往伏擊會合點，U 艇集群便能包圍船團並發動襲擊。透過這種戰術，U 艇不僅能令對手損失擴大，本身也能避免遭到擊沉。

　　同盟國陣營面對這種狀況，會以派遣反潛機或攔截 U 艇無線電通訊的方式找出 U 艇位置，再透過護衛航艦派出的攻擊機或長程轟炸機反擊 U 艇。

　　最具代表性的 U 艇是Ⅶ型（七型），曾建造高達 703 艘，其中 U-48（Ⅶ B 型或七 B 型）在服役後的 6 年期間總共擊沉敵 52 艘，是戰功最多的 U 艇。接在Ⅶ型之後登場的是Ⅸ型（九型）U 艇，它將尺寸加大，提高了遠航性能。雖然建造數量僅有 283 艘，少於Ⅶ型，但在擊沉總噸數達 20 萬噸以上的 U 艇當中，前 10 名就有 6 艘是屬於Ⅸ型 U 艇。

　　戰後，德國一度被限制不得建造 U 艇，但在限制解除後則推出 201 型潛艦，後來的 209 型被世界 14 個國家採用，可見大戰期間 U 艇的戰功確實令人留下「德國潛艦最優秀」的印象。

戰後在美國測試的 21 型（ⅩⅩⅠ型）潛艦 U-3008。ⅩⅩⅠ型在戰後仍由
西德海軍使用　　　　　　　　　　　　　　　　　　　圖／美國海軍

德國建造數量最多的七型（Ⅶ型）潛艦 U-995。目前在基爾（Kiel）當作博
物館公開展示　　　　　　　　　　　　　　　圖／ Kiel-Marketing e.V.

# 第二次世界大戰時的日本與美國
## ～研製出別具特色潛艦的日本

　　日本的潛艦發展史，始於日俄戰爭末期 1905 年自美國引進的 5 艘霍蘭型潛艇（第一型潛水艦，見 **1-1**）。至於首艘自製潛艦，則是 1912 年由川崎造船所[※1]建造的研究用潛艇「川崎型（波 6）」（水下排水量 335 噸）。

　　1924 年，日本海軍將潛艦分門別類，區分為一等潛艦至三等潛艦。至於各別艦名，自一等開始依序由「伊」、「呂」、「波」字搭配編號組合而成。

　　伊號潛艦又可分為遠洋航行能力較高、適用於通商破壞作戰的巡洋潛艦（巡潛型），以及速度足以伴隨艦隊行動的海軍大型潛艦（海大型）等。

　　日本海軍潛艦最大的戰果，是 1942 年中途島海戰由潛艦「伊 168」以魚雷擊沉美國航艦約克鎮號（USS *Yorktown*, CV-5）與驅逐艦哈曼號（USS *Hammann*, DD-412）。然而，伊 168 卻在一年之後的南太平洋與美國海軍潛艦巫喙鱸號（USS *Scamp*, SS-277）爆發魚雷戰並遭擊沉。另外，日本也曾五度派遣潛艦前往盟邦德國（遣德潛艦作戰），但只有第二次派遣的伊 8 潛艦成功往返，其他全部未能歸來（遭潛艦、艦載機擊沉或誤觸自軍水雷）。

　　日本也建造過許多別具特色的潛艦；雖然英國海軍曾試過讓水上機自潛艦彈射器起飛，但包括英國在內，各國後來都放棄這種想法。然而，日本卻在一等潛艦 8 個艦級中的 38 艘搭載了水上機。特別是伊 400 型（潛特），它可搭載 3 架特殊攻擊機「晴嵐」，是最為有名。除此之外，還有其他幾種具備特殊用途的一等潛艦，包括 4 艘配備佈雷筒的佈雷用潛艦「伊 121」型，以運輸為目的的「伊 373」型等運輸潛艦（丁型、丁型改）也建造了 13 艘。丁型改有些在大戰末期被改造成搭載特殊潛航艇「回天」的母艦。至

於只有建造 1 艘的伊 351，則是用來運送飛行艇燃油的補給潛艦，稱為潛補型。

　　美國海軍的主力潛艦是第二次世界大戰期間建造 77 艘的貓鯊級（*Gato* class）※2，以及建造 128 艘的巴勞鱵級（*Balao* class）※3。至於從戰爭結束前一年建造到戰後的 29 艘丁鱵級（*Tench* class），則在戰後提供給 14 個國家使用，對各國海軍的潛艦運用基礎具有莫大貢獻。海上自衛隊的首艘潛艦黑潮號前身也是貓鯊級的翼齒鯛號（USS *Mingo*, SS-261）。另外，美國在戰後也有針對接收自日本與德國的潛艦進行研究，特別是德國 U 艇的呼吸管技術，對戰後柴電潛艦研製具有很大的貢獻，而日本的飛機搭載技術則發展成裝備飛彈的概念。大戰時期的潛艦充其量只不過是「可以下潛的艦船」，但經過戰後技術發展，已成為真正名符其實的「潛水艦」。

---

※1　編註：今改稱川崎重工業（Kawasaki Heavy Industries, Ltd.），總部設在兵庫縣神戶市，是日本自衛隊飛機和潛艇的主要製造廠商，業務擴及航空、太空、造船、鐵路、引擎、機車、機器人等領域。

※2　貓鯊級當中，又以擊沉航艦「大鳳」等 4 艘日軍艦船的青花魚號（USS *Albacore*, SS-218），以及擊沉浮航狀態中的「伊 29」的鋸鰩號（USS *Sawfish*, SS-276）較為出名。

※3　巴勞鱵級較為出名的有曾擊沉載送「疏散學童」的「對馬丸」，目前公開展示的弓鰭魚號（USS *Bowfin*, SS -287）），以及擊沉航艦「信濃」的射水魚號（USS *Archerfish*, SS-311）。

海上自衛隊首艘潛艦黑潮號（SS-501），原本是美國海軍的貓鯊級潛艦翼齒鯛號，自美國借用服役至 1970 年 8 月，除役歸還美國　　圖／海上自衛隊

# 1-4 潛艦的戰術強項
## 〜最強匿蹤兵器

　　潛艦在海軍作戰中可以說是「戰術價值最高的兵器」，理由可列舉以下三點。

### ❶ 絕佳隱密性

　　潛伏海中隱密遂行作戰的能力，可說是潛艦的基本功。採取隱密行動，便能為對手帶來潛在威脅。只要能夠隱匿蹤跡，便能向對手施加「搞不好底下有潛艦」的心理壓力。在這種情況下，如果對手無論如何都得遂行作戰，就必須先找出潛艦並且加以驅逐（或是確認潛艦不存在）。這得花上不少時間與分派相對兵力，且還必須具備高等級偵測技術與裝備，研發這些設備也得花費大量資金。

### ❷ 長期滯洋能力

　　水面艦必須透過補給艦或補給基地頻繁補給燃料，但潛艦卻能長期、無補給單獨行動。能夠接連執行這種持續性作戰，便能一直對敵形成優勢。

### ❸ 強大攻擊能力

　　潛艦配備的魚雷威力強大，只要一枚便足以擊毀對手艦船。敵軍對於這種看不見的威脅必然心生恐懼，因此若不能確定該海域有無潛艦的存在，必定不會貿然進入。由於潛艦也能佈放水雷，因此對於可能有敵方潛艦出沒的海域必然不得擅闖。

---

※ 編註：原文全稱 Mk 10 Torpedo-mounted dispenser（TMD）

美國海軍 SH-60F 反潛直升機與訓練中的日本親潮級潛艦黑潮號（SS-596）。
反潛直升機的目的是用來偵測潛航中的潛艦　　　　　　　　圖／柿谷哲也

洛杉磯級潛艦基韋斯特號（USS *Key West*, SSN-722）搭載的 Mk 48 魚雷。
照片右端是彈頭部，左端銀色部位是導引訊號線的 Mk 10 分線器※

　　　　　　　　　　　　　　　　　　　　　　　　　　圖／柿谷哲也

# 日本潛艦的戰略強項
## ～存在本身就能對敵形成牽制

日本在太平洋戰爭期間有 30％的艦艇與 490 萬總噸的商船被美國海軍潛艦擊沉，包括九艘航艦、一艘戰艦、四艘重巡洋艦等，透過這般犧牲慘烈的實戰經驗，日本領悟了潛艦的威力。戰後日本一如前述，由海上自衛隊自美國取得貓鯊級潛艦重新開始配備潛艦。到了冷戰時期，由於蘇聯海軍威脅與日俱增，為了靠潛艦形成海上戰力加以對抗之外，日本更開始重新建構、強化自製潛艦艦隊。

由於自衛隊貫徹專守防衛原則 [※1]，因此潛艦能力必須超過敵軍的攻擊力。只擁有低性能、易偵測、航行能力差的潛艦，根本不具備任何意義。基於這些理由，便得自行著手研製高性能潛艦。此外，提高潛艦官兵的訓練水準，也是讓日本潛艦部隊達到世界首屈一指水準等級的指標。

四面環海的日本，一旦失去海上交通線（Sea lines of communication, SLOC） [※2]，便會論及國家存亡，因此必須徹底排除海上交通線航行商船的威脅才行。至於肩負這項任務的，就是世界最頂尖的潛艦官兵。只要提高潛艦部隊能力，就能讓敵軍不敢肖想攻擊商船與護航潛艦，以免陷入不利。日本的潛艦光是存在本身，便具有事前排除封鎖敵方艦艇封鎖海上交通線意圖的戰略意義。

某位海上自衛隊潛艦部隊的幹部，強調了日本潛艦的戰略價值，該員表示：「海上自衛隊的潛艦，是日本自衛隊的裝備當中唯一具有戰略意義的兵器」。戰略兵器光是存在，便足以發揮心理效果，因此海上自衛隊的潛艦真可稱得上是戰略兵器。

※1 編註：日本在戰後奉行的防衛政策，自衛隊必須在遭受到攻擊後，才能行使防衛權對發動攻擊者實施防衛攻擊。
※2 攸關國家存亡，不得受到威脅的海上交通航線。
※3 編註：十艘當中自 2000 年開始，分別有瀨戶潮號（SS-575 改稱 TSS-3602）、沖潮號（SS-576 改稱 TSS-3603）、濱潮號（SS-578 改稱 TSS-3604）、雪潮號（SS-581 改稱 TSS-3605）轉當訓練艦。

冷戰期間的 1980 年至 1988 年日本建造了 10 艘的夕潮級潛艦。即便退出了第一線，也充當訓練潛艦服役至 2008 年[※3]。圖為春潮級訓練潛艦冬潮號（TSS-3607, 原 SS-588）
圖／柿谷哲也

海上自衛隊觀艦式不僅是讓各艦艇部隊接受大閱官校閱，也是對國民展示裝備的機會。圖為與滿載參觀民眾的愛宕號驅逐艦（DDG-177）交錯通過的蒼龍號（SS-501）

圖／柿谷哲也

## 1-6 何謂戰略型核動力潛艦？
～最後的王牌與其嚇阻力

　　戰略兵器指的是不論平時、戰時皆能發揮「只要該武器存在，便能讓敵國喪失戰意」功效的特殊兵器。最具代表性的戰略武器，就是「洲際彈道飛彈（ICBM[※1]）」、「戰略轟炸機[※2]」、「潛射型彈道飛彈（SLBM[※3]）」。潛射型彈道飛彈是從潛艦發射的彈道飛彈，而用來發射這種飛彈的便是戰略型核動力潛艦（SSBN[※4]）。

　　洲際彈道飛彈與潛射型彈道飛彈都可搭載核子彈頭，因此是國家之間政治對立時的終極武器。只要在政治局勢拉鋸時亮出戰略武器，便能迫使對手政府做出讓步，發揮嚇阻效果。全世界擁有戰略型核動力潛艦的國家，包括美國、英國、法國、俄羅斯、中國、印度。除了英國、法國之外，其他國家也都另外擁有可從地面基地（固定或移動式發射台）發射的彈道飛彈作為戰略核武，但這些設施都會被衛星監視，位置早就被標定了。

　　然而，戰略型核動力潛艦卻能在海中自由航行移動，並自水下發射潛射型彈道飛彈，難以掌握發射位置。由於它以核能作為動力，因此可在海中行動的天數也相對較長。另外，戰略型核動力潛艦即便在本國地面基地因遭受敵國先發制人核打擊而喪失反擊能力時，也能發射核子飛彈作為最後報復手段。

　　戰略型核動力潛艦的官兵，在美國海軍是分成藍組與金組二組人員，各組會有各自的艦長。透過這種方式，便能以更具效率的方式運用，回到岸上後，其中一組人員就可以休個長假。

　　另外，戰略型核動力潛艦與攻擊型核動力潛艦不同，不會與航艦打擊群（以航艦為核心的艦隊）等其他部隊一起行動。擁有戰略型核動力潛艦的國家，大多會由國家元首或軍隊最高指揮官直接管轄戰略型核動力潛艦，指揮系統脫離於日常的艦船部隊。但是，攻擊型核動力潛艦也會執行戰略型核動力潛艦的護衛任務。

※1　編註：Inter Continental Ballistic Missile
※2　編註：尤指可投射戰術、戰略性核子武器的長程轟炸機
※3　編註：Submarine-Launched Ballistic Missile
※4　編註：Ballistic Missile Submarine

華盛頓州的班戈基地（Bangor）是美國海軍戰略型核動力潛艦的母港。冷戰時期在關島也有戰略核潛艦的基地，但現在僅剩下本土才有。圖為 SSBN 路易斯安那號（USS *Louisiana*, SSBN-743）
圖／美國海軍

實施水下發射測試的 UGM-133 三叉戟 II 型潛射洲際彈道飛彈。射程超過 7,400 公里，最多可攜帶十四顆 475 千噸當量核子彈頭
圖／美國海軍

21

# 潛艦在航艦打擊群中的角色
## ～打頭陣保護航艦不受敵潛艦的威脅

海軍兵器中價值最高的，就是航空母艦（簡稱航艦）莫屬了。有鑑於此，潛艦的最大攻擊目標也會是航艦。為此，美國航艦就不會單獨運用，必定會有巡洋艦隨伴護衛。護衛航艦的巡洋艦，是用來攔截攻擊航艦的敵方反艦飛彈，並排除敵潛艦的威脅。雖說如此，僅靠巡洋艦去壓制敵潛艦不僅是一件非常困難的事情，它也不能完全將警戒注意力集中於敵潛艦身上。

因為這樣的關係，美國航艦打擊群便會在艦隊前方海域預先配置攻擊型核動力潛艦（SSN[※1]）。它們會沿航艦打擊群的航路先行數百公里，偵測該海域有無敵方潛艦，若有敵方潛艦存在，甚至會因此變更航艦打擊群航路。若是在比較靠近航艦的海域，則會配置負責直衛的攻擊型核動力潛艦，以便與突破監視網（潛伏海底以致沒能偵獲）的敵方潛艦直接對決。

加入航艦打擊群的攻擊型核動力潛艦，在打擊群抵達目標海域後，除了持續監視有無敵潛艦，有時也會參與打擊任務（對地攻擊）。攻擊型核動力潛艦可搭載「戰斧」（Tomahawk）巡弋飛彈，攻擊數千公里外的目標。另外，隨伴航艦打擊群的攻擊型核動力潛艦有時並不會參與整個作戰行動，有時不隸屬於航艦打擊群的攻擊型核動力潛艦也會幫航艦打擊群執行警戒監視任務。以關島為據點的第 15 潛艦戰隊（SUBRON 15[※2]），就是扮演這種具彈性的角色。

---

※1 編註：Nuclear powered attack submarine
※2 編註：Submarine Squadron 15，隸屬於第七艦隊第 7 潛艦支隊指揮節制，母港為關島海軍基地

為以核動力航艦約翰‧Ｃ‧史坦尼斯號（USS *John C. Stennis*, CVN-74）為旗艦的航艦打擊群提供護航的攻擊型核潛海狼號（USS *Seawolf*, SSN-21）。左為海上自衛隊的高波級護衛艦大波號（DD-111） 圖／美國海軍

停靠橫須賀港的土桑號（左，USS *Tucson*, SSN-770）與聖體市號（USS *City Of Corpus* Christi, SSN-705）。美國海軍雖然沒有在橫須賀基地配備核動力潛艦，但為了護航第7艦隊的航艦，也常有攻擊型核潛艦前來此處

圖／美國海軍

# 英國與法國的戰略型核動力潛艦
## ～今後也會持續作為嚇阻力運用

　　英國與法國雖然都擁有戰略性核武，但由於國土面積狹小，若配備陸射型洲際彈道飛彈（ICBM），一旦遭到先制攻擊，很可能就會被摧毀導致無法使用，因此僅以潛射型彈道飛彈（SLBM）作為唯一核子戰略手段。然而，相對於美俄擁有 8,000 顆左右的核子彈頭，英國僅持有約 200 顆，法國約 300 顆。雖說如此，兩國每年仍然得花費約 10%的國防經費作為核武維持費用，約相當於 3,000 億日圓（匯率換算約 654.3 億新台幣）。若放棄持有核武，就必須充實航艦與航空部隊、高性能防空艦、攻擊型潛艦等兵力才能彌補。

　　然而，即便政權更迭，持有核武的想法卻未曾改變，這是因為不論是縮減或廢棄，花費的成本都相當驚人。除此之外，英國與法國的準則也大相逕庭。相對於與美國進行核戰略合作的英國，法國僅靠自己的核戰略保護本國。由於法國的政策特別堅持不仰賴他國，因此為了因應將來的危機，今後核子戰略應該也不會有太大的調整。

　　英國的戰略型核動力潛艦，是 1993 年至 1999 年配備的四艘先鋒級（*Vanguard* class，水下排水量 15,980 噸），各可搭載十六枚三叉戟 II 型（D5）（Trident D5，最大射程約 1 萬公里，最大搭載十四顆多彈頭）的 SLBM 飛彈。先鋒級的後繼艦預定於 2028 年服役，但由於預算削減的關係，編制會比現狀減少一艘，僅維持三艘，核彈頭也縮減至 160 顆。法國的戰略型核動力潛艦是 1997 年至 2010 年配備四艘的凱旋級（*Triomphant* class，水下排水量 14,335 噸），各可搭載 16 枚 M51（最大射程約 1 萬公里，搭載六顆多彈頭）SLBM 飛彈。

# 第 2 章

# 潛艦的操作原理

難以被敵人發現的水面之下，對潛艦來說是如魚得水的環境，但要能夠待在海底卻也不簡單。與水面艦全然迴異的艦體構造、搭載設備、對外通訊手段等，全部都是能夠配合水下環境的特別設計。

海上自衛隊的蒼龍級潛艦劍龍號（SS-504）。2012年交艦服役後駛離神戶港，朝向吳基地航行的情景

圖／柿谷哲也

# 潛艦的種類
## ～大致可分為三種類別

　　現代潛艦依功能大致可以分為「攻擊型潛艦」、「特種作戰型潛艦」、「戰略型潛艦」三種類別，由於潛艦會依目的分門別類運用，因此並無兼具三種角色的潛艦。

　　攻擊型潛艦是最普遍常見的潛艦，許多海軍都擁有這類潛艦。它可以用來為水面艦部隊開路，潛航於最前線，偵測有無威脅我方艦隊的敵潛艦或水面艦存在。至於單獨行動的任務，則包括蒐集敵艦情報的偵察任務，以及在戰時攻擊敵艦、油輪、商船，進行通商破壞，也能自水下佈放水雷。美國海軍與英國海軍的攻擊型潛艦還可搭載巡弋飛彈，對內陸發動攻擊。有些潛艦則能當作特種部隊的出發據點。

　　特種作戰型潛艦是用來載運特種部隊或敵後工作人員，讓他們秘密登陸滲透敵區。美國海軍會在潛艦的上甲板（upper deck[※1]）搭載特種部隊用的微型潛艇 SDV[※2]。特種作戰型潛艦大多是構造簡易的小型潛艇，北韓和伊朗配備了不少數量這類潛艇。

　　戰略型潛艦是用來搭載潛射型彈道飛彈（SLBM）的潛艦，僅美國、英國、法國、俄羅斯、中國、印度擁有，局勢緊張之際可自水下發射核子飛彈，摧毀對手的核子飛彈基地。在這方面，美國海軍的俄亥俄級（*Ohio* class）與俄羅斯海軍的颱風級（*Typhoon* class）都很出名。

　　戰略型潛艦與核子戰爭息息相關，在運用上具備高度政治戰略意義，因此行動必須相當隱密，致使幾乎所有戰略型潛艦都以核能作為驅動動力，屬於戰略型核動力潛艦（戰略核潛艦）。

---

※1 編註：在船中段主甲板以上之部份甲板
※2 SDV：Swimmer Delivery Vehicle

蘇聯研製的 887 型潛艦。北約代號稱為基洛級（*Kilo* class）。它是以魚雷為主要兵器的攻擊型潛艦，曾外銷至五個國家（中國、印度、伊朗、阿爾及利亞、越南）。圖為印度的辛杜拉耶號（INS *Sindhuraj, S57*）　圖／柿谷哲也

韓國海軍為了載運特種部隊 UDT ／ SEAL 而配備的海豚級潛艇（*Dolgorae* class）。運送特種部隊的潛艇大多是排水量未滿 1,000 噸的小型潛艇

圖／柿谷哲也

俄羅斯的戰略核潛艦北風之神級尤里・多爾戈魯基號（*Yuriy Dolgorukiy, K-535*）。由於戰略核動力潛艦會以垂直方式搭載長度較長的彈道飛彈，因此艦體上方大多會呈現出隆起狀　　　　圖／北德文斯克造船廠 Sevmash

# 壓力殼
## ～並非全船都使用高張力鋼材質

　　潛艦的艦體構造與一般船舶不同，為了耐受水壓，會採用壓力殼構造。一如「殼」字所示，這是以鋼材配合艦體直徑製成巨大圓筒，再於兩端銲上半球形蓋，看起來就像是個殼體，壓力殼是艦體構造的主要結構，之所以沒有方角形的潛艦，是因為圓形是最穩定的防撓構造（防止扭曲變形的構造）。

　　壓力殼使用的鋼材，是高張力鋼當中耐力最高的潛艦等級高張力鋼。對金屬施加壓力時，超過彈性界限導致其無法復原的值稱為耐力（值），潛艦壓力殼使用的高張力鋼，耐力數字越大就代表越硬。海上自衛隊的現用潛艦是使用 80kgf※/ mm² 高張力鋼與110kgf/ mm² 高張力鋼製作壓力殼。

　　由於高張力鋼在加工與銲接方面都需要特殊技術，價格相當高，因此潛艦並非從艦艏到艦艉全都使用壓力殼，僅針對艦體的必要部分使用，例如上層結構（艦體的上甲板部分）與帆罩（參閱 **2-4**）就是非壓力殼。

　　主水櫃（main ballast tank）是與潛艦下潛、上浮密切相關的構造，而主水櫃的配置方式也與壓力殼構造息息相關。潛艦是透過對主水櫃充入海水的方式下潛，對之排水則能上浮。由於主水櫃並不一定需要壓力殼保護，因此可在壓力殼外側配置非耐壓水櫃，讓壓力殼的內部空間得以增加。如此一來，壓力殼外側就會包覆一層非壓力殼，此時內側的壓力殼就會稱為內殼，外側的非壓力殼則稱為外殼。

---

※ 編註：kgf（公斤重）

建造中的維吉尼亞級（*Virginia* class）核動力潛艦華盛頓州號（USS
*Washington*, SSN-787）。外殼為壓力殼　　　　　　　　　圖／美國海軍

## 圖　內殼為壓力殼的潛艦

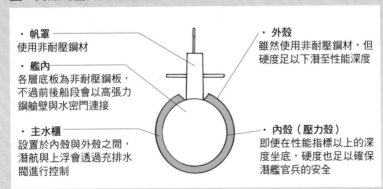

・帆罩
使用非耐壓鋼材

・艦內
各層底板為非耐壓鋼板，
不過前後船段會以高張力
鋼艙壁與水密門連接

・主水櫃
設置於內殼與外殼之間，
潛航與上浮會透過充排水
閥進行控制

・外殼
雖然使用非耐壓鋼材，但
硬度足以下潛至性能深度

・內殼（壓力殼）
即便在性能指標以上的深
度坐底，硬度也足以確保
潛艦官兵的安全

## 2-3 單殼式與雙殼式
### ～日本的潛艦建造技術非常精良

　　採用內殼（壓力殼）與外殼（非壓力殼）雙層構造的艦體稱為雙殼式，雙殼式會在內殼與外殼之間配置主水櫃與油櫃（依潛艦種類，有時則是氫與氧化劑的儲存槽）。即便遭遇敵深水炸彈攻擊或因衝撞海底岩山導致外殼受損，只要內殼沒事，就不會立即沉沒。至於缺點，由於是採雙層構造，因此骨架會比較多，導致整體結構變得很複雜。

　　至於僅具備單層壓力殼的構造則稱為單殼式，單殼式的壓力殼外即是海水，若遭遇深水炸彈、魚雷攻擊，或是衝撞岩山導致壓力殼受損，海水就會湧入艦內，很有可能因此沉沒。目前美國海軍的潛艦都是採用單殼式構造，因為用來偵測敵潛艦的音響偵測裝置（Flank Array Sonar 側面聲納陣列）必須配置於艦體側面，若採雙殼式設計，將音響偵測裝置配置於主水櫃外側，那麼「水櫃與管路內的水流聲就可能會損及聲納的聽音性能」、「聲納內側的機器必須避免受到水壓影響」，相關人員是如此說明。

　　海上自衛隊的潛艦長年都是採用雙殼式構造，但親潮級與蒼龍級潛艦卻把艦體前段以 80kgf/ $mm^2$ 高張力鋼做成雙殼式，艦體中段以 110kgf/ $mm^2$ 高張力鋼構成單殼式，艦體後段又回到 80kgf/ $mm^2$ 高張力鋼的雙殼構造。由於高張力鋼的銲接需要高端技術，且要連接這種極硬鋼材實屬高難度，可見日本的潛艦建造技術的確相當精良。

## 圖　主水櫃的配置

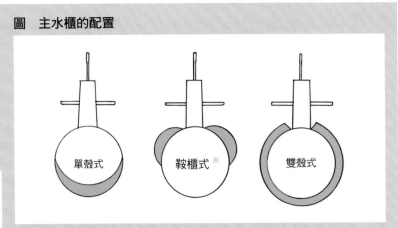

單殼式會在壓力殼內側配置主水櫃。鞍櫃式的主水櫃位於壓力殼兩舷。第二次世界大戰的潛艦則以雙殼式為主流，將主水櫃配置於壓力殼外側

## 圖　蒼龍級的艙間與艦體構造

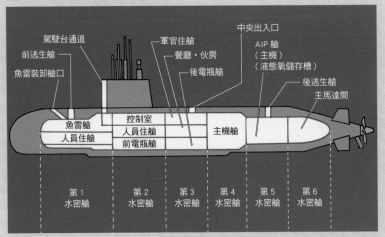

第 1 水密艙前段為雙殼式，後段為單殼式。第 2 水密艙至第 4 水密艙為單殼式。第 5 水密艙與第 6 水密艙為雙殼式

※ 編註：Saddle tank

# 潛艦的帆罩
## ～有兩種功能

　　帆罩（Sail）有兩種功能，一是容納潛望鏡、平面搜索雷達、ESM※（電戰支援）桅、天線、呼吸管等裝備。二是在進出港之際、水面浮航時充當駕駛台與瞭望站。

　　海上自衛隊的潛艦在帆罩頂端有座面積約 1 公尺見方的露天駕駛台，此處在水面浮航時會配置自艦內取出的電子海圖與電羅經複示器（Gyrocompass Repeater），當作航海艦橋使用。美國海軍還會在此設置小型航海天線、GPS、港灣通訊用 VHF ／ UHF（特高頻／超高頻）天線等。

　　艦長與航海長以下數名官兵會登上帆罩，爬梯通道艙蓋關閉後，便成為駕駛台的底板。航海長會在此處判斷航路，並透過對講機告知控制室。若頂風較強，還可手動架起風擋。駕駛台與桅杆之間會裝上欄杆，瞭望員可站上此處進行瞭望。帆罩內部爬梯靠近中央位置的兩舷設有可以走上平衡翼的出入艙門，瞭望手會從這裡走出外面，站在帆罩頂端欄杆與平衡翼上的瞭望手會掛上安全繩以防止摔落。帆罩內部並無壓力殼，從駕駛台至通道艙蓋的這段範圍，潛航時會灌滿海水。進入通道並穿過內殼艙蓋後，會抵達控制室前方的艙間。

　　俄羅斯的潛艦在天候惡劣時可在帆罩內部開有窗口的艙間操艦，日本在親潮級之前的潛艦在帆罩上也有窗口。通道後方為容納各類桅杆與呼吸管的空間，不過從帆罩內的爬梯無法通往這些桅杆的收容處。

---

※ 編註：Electronic Support Measures

親潮級的駕駛台。圓形裝置是指示方位的羅經複示器，四方形的則是資訊顯示器。此處在潛航時會灌滿海水　　　　　　　　　　　　　圖／柿谷哲也

親潮級帆罩頂端。潛望鏡等桅杆類收納在此，後端為呼吸管

圖／柿谷哲也

## 2-5 潛航與上浮
### ～主水櫃充水與排水

　　潛艦下潛與上浮時，會對位在內殼與外殼之間的主水櫃進行充入、排出海水的操作。潛艦船底有個稱作進水口（flood hole）的無蓋孔洞，與主水櫃連通。主水櫃上方設有排氣閥，只要將排氣閥關閉，並讓水櫃充滿空氣，潛艦就會呈現浮起狀態。雖然進水口是呈打開狀態，但因為櫃內充滿空氣的關係，海水並不會流進來。

　　下潛時會開啟排氣閥，讓海水從進水口流入主水櫃。等主水櫃內充滿海水，艦體就會往下潛。此時非壓力艙的帆罩內部、上甲板內側與內殼之間也都會灌入海水。

　　接著，會透過蓄氣器將高壓空氣充入調整浮力用的負櫃（negative tank，約略位於船底中央），將內部海水排出。如此一來，潛艦便既不會往上浮，也不會往下沉，而是在水下形成中和浮力。反之，若將負櫃充滿海水，艦體就會沉至海底，形成坐底狀態。如果在中和浮力狀態下發射魚雷，艦艇就會變輕，使艦體向上方傾斜。此時為了恢復平衡，會將位於艦體前後的平衡水櫃（trim tank）充入海水。

　　若要上浮，會在關閉排氣閥的狀態下自蓄氣器對主水櫃充入高壓空氣，海水便會從進水口排出。如此一來，水櫃內的空氣量便會增加，使艦體上浮。帆罩與艦體上部浮出海面後，海水便會從帆罩內部與艦體上部的非壓力艙自然排出。浮航狀態的潛艦可以看到舷側有許多細長形的排水口，海水就是從這些孔洞排出。

## 圖　蒼龍級潛艦的下潛與上浮原理

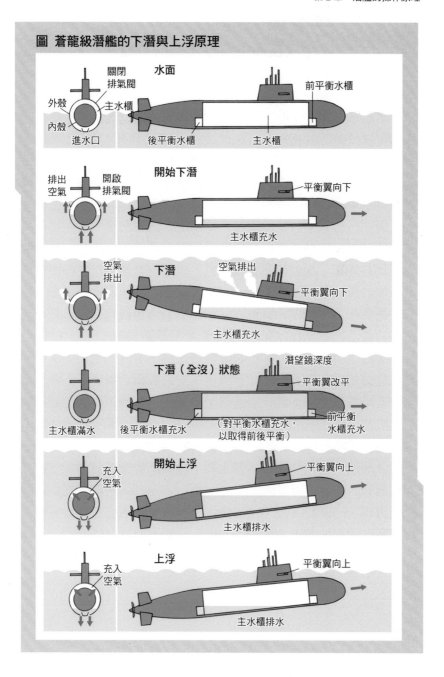

# 平衡翼與舵
## ～用以在海中自在運動的裝置

　　潛艦在下潛與上浮時，除了對主水櫃進行充、排水，也必須仰賴舵翼發揮作用。水平狀的潛舵宛如飛機的機翼，稱作平衡翼。海上自衛隊的潛艦會將平衡翼配置於帆罩側面，稱為帆罩前翼（sail plane），若將平衡翼配置於艦艏側面，不使用時將其收起，則稱艦艏前翼（bow plane）。

　　例如洛杉磯級核動力潛艦，早期型採帆罩前翼，後期型則改為艦艏前翼。曾在兩種構型服勤過的官兵表示：「艦艏前翼操舵反應比較靈敏，能與後翼相輔相成，相當容易操縱」。艦艏前翼大多用於美國與俄羅斯潛艦，這是因為它們常在北極海活動，若將平衡翼配置於帆罩，突破海冰浮出海面時可能會受損。然而，艦艏前翼操舵時發出的噪音卻也會影響到艦艏聲納。

　　潛艦下潛與上浮時，也必須借助艦艉平衡翼（後翼）進行操作。後翼是由可動式升降舵與固定式安定板組合構成，下潛／上浮時升降舵會上下作動，與前翼配合連動。至於控制方向的舵，位於艦體上方的稱為上舵，下方的稱下舵，欲調整航向時會作動，讓艦艏改變指向。後翼與上下舵合稱為十字舵。

　　俄羅斯的基洛級潛艦並無上舵，僅由下舵與後翼構成三片 T 字型艉舵。蒼龍級與澳洲的柯林斯級（*Collins* class）等潛艦則將艉舵配置成 45 度角，構成 X 字型艉舵。X 字型艉舵在坐沉海底時可以避免舵面觸及海底，防止艉舵損傷。據蒼龍級的舵手表示：「X 字型艉舵的操舵反應比十字型艉舵快，轉彎性能與後進時的直進性也是 X 字型艉舵較佳」。

## 圖　艉舵種類

T 字型　　　　十字型　　　　X 字型

採艦艏前翼設計的英國海軍機敏級（*Astute* class）攻擊型核動力潛艦伏擊號（HMS *Ambush,* S120）。前翼在浮航時會露出水面，這種構型比較少見。水下排水量 7,400 噸，全長 97 公尺

圖／英國海軍

# 2-7

## 潛艦的航行
### ～推算航法、慣性導航

　　由於位在水下的潛艦無法使用水面艦的航海方法，因此即將下潛時必須先透過 GPS 等手段取得正確位置，下潛後再以電羅經指示的航向、對水速率測得的數值、經過時間測得的數值，使用推算航法 [1]，搭配先前 GPS 取得的位置來計算目前的相對位置。為了修正推算航法的誤差，潛艦也會使用慣性導航儀進行慣性導航 [2]。另外，將衛星通訊、電波偵測等桅杆伸出水面之際，也會順便接收 GPS 訊號，藉此修正誤差。

　　大深度潛航時，為了避免撞到海底或海山，會使用標有海底地形的海圖來航行。此時會使用音響測深儀 [3] 進行測量，將測得數值與海圖上的等高線進行比對，一邊做出修正，一邊進行潛航，稱為海底追沿航法、海底等高線航法 [4]。控制室有一座可以顯示海底地形電子海圖的海圖台，海圖內容是機密。海圖資訊除了以等高線表示距離海面的深度，也會標註沉船位置與岩石位置，以及可以坐底的土質等。

　　海底地形資訊對於潛艦作戰而言是不可或缺的情資，由於天然地形會隨時間不斷變化，因此各國平常都會以海洋調查船持續調查本國周邊的海底地形。潛艦出港前，會先領取最新海底資訊再行出海。

　　浮出海面後，就會改成浮航狀態，浮航時比照水面艦使用電羅經複示器與 GPS 進行導航。

※1 Dead reckoning navigation
※2 Inertial navigation
※3 Fathometer
※4 Bottom contour navigation

美國海軍維吉尼亞級的操舵席。左右顯示器可以在海圖上標註航跡並顯示預定航路

圖／柿谷哲也

蒼龍級的海圖顯示器，可投影三維海圖標註自艦位置，儲存於記憶媒體

圖／柿谷哲也

## 2-8 水密艙蓋
### ～艙蓋結構與厚度是機密

　　吳港或橫須賀等潛艦基地雖然可以從外部一覽無遺，但潛艦通往艦內的艙蓋卻一定會用罩子蓋住。雖然有時也會舉辦讓一般民眾參觀潛艦的活動，但艙蓋與其內面構造依舊禁止拍照。之所以會如此，是因為透過艙蓋結構與厚度等特徵，可以推算潛艦的耐壓性能，所以必須保密防諜。蒼龍級潛艦自外部通往艦內的艙蓋有以下三處

- 中央出入艙（第 3 水密艙）：供一般出入使用。
- 前逃生艙：位於魚雷艙（第 1 水密艙）上方，供緊急逃生使用。
- 後逃生艙：位於機艙（第 5 水密艙）上方。

　　甲板上這二個逃生艙蓋的周圍呈光滑狀，並未加上防滑塗裝，以便 DSRV（深海救難艇）能在水下以吸盤吸住固定。

　　前逃生艙的前方為魚雷裝卸艙口，此處也有艙蓋。自帆罩通往艦內第 1 水密艙的通道也有艙蓋，潛航時會蓋上，因此帆罩內是灌滿海水的。

　　艦內各水密艙之間也有水密門，平時為方便乘員通行，會呈開啟狀態，但若因中彈導致海水入侵，便會關上水密門，人員則就近移動至前、後逃生艙。

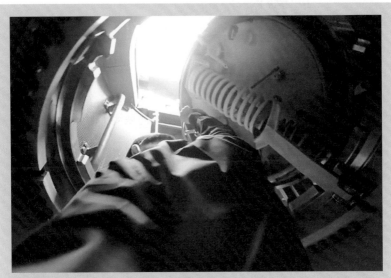

韓國海軍張保皐級的出入艙蓋。潛艦艙蓋內部的照片可說是相當難得一見

圖／韓國海軍

### 圖　蒼龍級的艙蓋位置

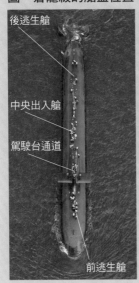

後逃生艙

中央出入艙

駕駛台通道

前逃生艙

美國海軍維吉尼亞級的艙蓋旁有配置艦岸通訊裝置。艙蓋周圍為了讓救難潛艇 DSRV 能夠吸住，表面呈光滑狀

圖／柿谷哲也

# 呼吸管換氣裝置
## ～啟動柴油機時使用

　　呼吸管（Snorkel）是柴電動力潛艦在潛航狀態啟動柴油主機時，用來進、排氣的必備裝置。以潛望鏡深度潛航時，呼吸管會從帆罩後端升上海面以吸取空氣。

　　將呼吸管伸出海面並啟動主機後，艦內氣壓就會下降，此時只要打開呼吸管的頂閥，空氣就會因負壓自然被吸入呼吸管。至於廢氣則會吹入排煙管，自呼吸管中段排放至海中。排煙會變成氣泡並且擴散，為了避免從空中被發現，會設計成能讓氣泡變小分散的構造。

　　將呼吸管伸出海面時，為了避免遭敵發現，會盡量降低露頂高度，但進氣時若被波浪侵襲，就有可能會灌入海水。日本海上自衛隊潛艦的呼吸管因此裝有襲水感測器，一旦感應到海水，就會自動關閉頂閥。即便如此，如還是沒辦法完全阻擋海水入侵，流入的海水就會透過氣水分離器儲存於水櫃，之後再排放至艦外。

　　呼吸管還有一項功用，就是吸取新鮮空氣以供艦內換氣。經過一定時間潛航，就會使用呼吸管進行換氣。呼吸管原本是用來啟動柴油主機、為主電瓶充電用的設備，但由於最近的潛艦性能有所提升，消耗電力不若以往，因此現在呼吸管用來維持官兵生活環境的比重可能還比較多。

　　呼吸管露頂之際，ESM桅（參閱 **2-20**）也會跟著伸出，偵測上空或附近有無敵情。另外，由於主機啟動時自呼吸管排出的廢氣溫度很高，因此也要留意敵軍反潛機的感測器。

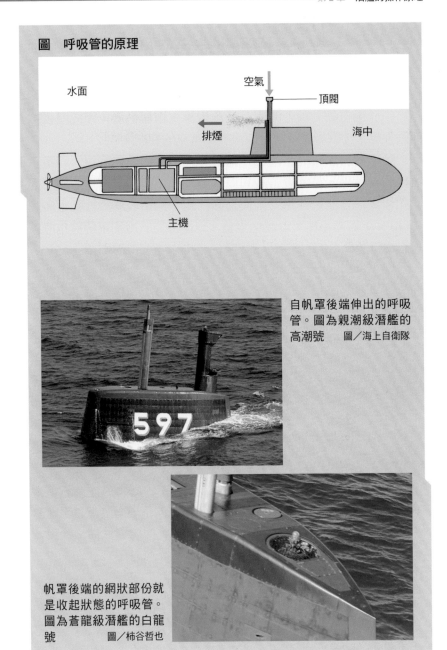

**圖 呼吸管的原理**

水面

空氣

頂閥

排煙

海中

主機

自帆罩後端伸出的呼吸
管。圖為親潮級潛艦的
高潮號　　圖／海上自衛隊

帆罩後端的網狀部份就
是收起狀態的呼吸管。
圖為蒼龍級潛艦的白龍
號　　　　圖／柿谷哲也

# 主電瓶
## ～決定潛艦性能的心臟

　　由於柴電動力潛艦的所有能源皆靠主電瓶供應，因此潛艦的運動性能、作戰能力可說是取決於主電瓶的性能。

　　長年用於潛艦的主電瓶是鉛酸電池，不僅重量沉重，蓄電量也較少。此外，電解液若碰到海水還會產生氯氣，相當危險，因此如何提高性能並確保安全便是個課題。採用玻璃纖維強化塑膠（FRP[※1]）容器不僅可以減輕重量，以水冷方式冷卻電解液也能縮短充電時間，再加上電解液攪拌器，便能使性能有所提升。

　　海上自衛隊的新型潛艦已經採用鋰離子電池取代鉛酸電池。鋰離子電池每單位重量的能量密度是鉛酸電池的兩倍以上，充電效率較高。它的蓄電容量（可放電量）也不易降低，效率比較好，可重複充放電的次數是鉛酸電池的一點五倍以上，壽命較長。日本潛艦未來將會全部改用鋰離子電池，特別是蒼龍級第 11 號艦以降以及大鯨級，它們已經不再配備史特林機（後述），僅以鋰離子電池驅動馬達。

　　與主電瓶併用，可直接發電的新型潛艦電池是燃料電池（Fuel Cell）。燃料電池使用的燃料與電解質種類會依使用目的而異，是種也能供應一般家庭用電的新型能源。

　　潛艦採用的燃料電池是低溫作動、功率較高的鹼性燃料電池（AFC[※2]），以純氫為燃料，與液態氧產生電化學反應發電。雖然燃料電池本身體積不大，但卻必須配置液氧槽與純氫槽。燃料電池已應用於德國 HDW 公司的 212A 型與 214 型潛艦。

---

※1 FRP：Fiber Reinforced Plastics
※2 AFC：Alkaline Fuel Cell

現有的
鉛酸電池

鋰離子電池

鋰離子電池重量比鉛酸電池輕，每單位重量的能量密度也達二倍以上，可重複充放電次數則是一點五倍以上。鋰離子電池除了搭載於蒼龍級的第 11、12 號艦，最新的大鯨級也全面改用鋰離子電池。

圖　蒼龍級的燃料電池系統規劃

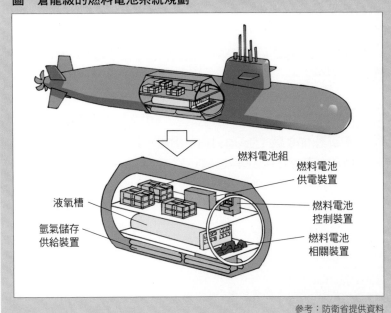

燃料電池組

燃料電池供電裝置

液氧槽

氫氣儲存供給裝置

燃料電池控制裝置

燃料電池相關裝置

參考：防衛省提供資料

**45**

# 2-11 絕氣推進（AIP）❶
## ～閉式循環汽旋機

絕氣推進（AIP[1]）是一種不需要仰賴空氣的推進方式，有些潛艦會採用作為柴電主機的輔機。這種不仰賴空氣的發電系統，在核動力主機登場之前，曾研究過幾種方式。

除了目前已實用化的閉式循環汽旋機與史特林機之外，前述的燃料電池也屬於 AIP 的一種。然而，由於 AIP 的功率不高，因此不能單靠它來推進，只能當作柴電主機的輔助動力。

已實用化的閉式循環汽旋機，是由法國造船廠海軍集團（Naval Group[2]）研製的水下自律能源模組（MESMA[3]）。

MESMA 是將儲存於高壓容器（6000kPa）的液態氧以極低溫泵送進燃燒室，在燃燒室內加入乙醇燃燒，產生高熱混合氣體。混合氣體會通過蒸汽產生器的迴管，此時蒸汽產生器內就會產生蒸汽，並以此推動汽旋機發電。迴管內的混合氣體則會送回燃燒室，形成封閉式循環。MESMA 的原理可說是與核動力發電（參閱 **2-13**）相當類似。

由於光靠 MESMA 只能發揮四節速率，因此高速潛航仍得仰賴靠柴油主機供電的主電瓶驅動馬達。MESMA 配備於巴基斯坦海軍的奧古斯塔 90B 級（*Agosta* class）潛艦，以及 DCNS 公司對各國提案的鮋魚級潛艦（*Scorpène* class）。

關於史特林機，會於 **2-12** 解說。

---

※1 Air Independent Propulsion
※2 編註：法國原海軍造船局集團（Direction des Constructions Navales Services，簡稱 DCNS）
※3 Module d'Energie Sous-Marine Autonome

表　世界主要 AIP 潛艦

| AIP類型 | 製造國 | 廠商 | 艦型與採用國 |
|---|---|---|---|
| 燃料電池 | 德國 | 西門子、蒂森克虜伯 | 209型（部份）、212型（德國、義大利）、214型（韓國、希臘、葡萄牙）、218型（新加坡）等 |
| 燃料電池 | 西班牙 | UTC Power | S-80級（西班牙） |
| 燃料電池 | 印度 | DRDO | 虎鯊級（印度） |
| 燃料電池 | 俄羅斯 | 紅寶石設計局 | 677型「拉達級」、1650型「阿穆爾級」（俄羅斯） |
| 史特林機 | 瑞典 | 考庫姆 | 哥特蘭級（瑞典）、南曼蘭級（瑞典）、射手級（新加坡） |
| 史特林機 | 日本 | 川崎重工業、考庫姆 | 蒼龍級1號艦～10號艦（日本） |
| 史特林機 | 中國 | 武昌造船廠等 | 039A型「元級」、032型「清級」（中國） |
| MESMA | 法國 | DCNS | 鮋魚級（智利、馬來西亞、印度、巴西）、奧古斯塔90B級（西班牙、巴基斯坦） |

搭載 MESMA AIP 的巴基斯坦海軍奧古斯塔 90B 級潛艦。1999 年自法國採購新造艦。水下排水量 1,788 噸，全長 67.6 公尺　　　　圖／柿谷哲也

搭載史特林 AIP（2-12 參照）的新加坡海軍射手級潛艦。自瑞典採購中古艦，2011 年重新服役。水下排水量 1,626 噸，全長 60 公尺　　　　圖／MINDEF

　　史特林機是一種絕氣推進（AIP）輪機，採外燃機設計，將熱能轉換為動能。海上自衛隊的蒼龍級潛艦 1 號艦至 10 號艦有搭載史特林機。史特林機由瑞典的考庫姆（Kockums）公司研製，授權川崎重工生產，配備四具 V4-275R Mk3 四汽缸 V 型複動機。

　　史特林機的汽缸內有直徑 88 公釐活塞進行上下往復運動，帶動曲拐軸驅動發電機。汽缸內充填氦氣，氦氣因溫度急遽變化而膨脹／收縮，藉此推動活塞。

　　為了讓氦氣膨脹／收縮，汽缸上半部的燃燒室會注入液態氧，使之氣化後產生高壓氧，然後加入低硫煤油作為燃料進行燃燒。如此一來，汽缸上半部就會形成高溫，讓汽缸內的氦氣膨脹，推動汽缸內的活塞向下運動。此時冷卻器中的冷卻水會在汽缸下半部進行冷卻，使汽缸內氦氣的溫度急遽下降。氦氣因此而收縮，活塞也會向上運動。如此一來，活塞的往復運動便會帶動曲拐軸，推動發電機產生電力，進而驅動主馬達。每具史特林機的連續定格功率為 60 瓩（kW）左右，四具合計出力 240 瓩，剩餘電力會儲存起來。

　　蒼龍級潛艦出港後，會以柴電主機進行浮航，或以呼吸管航行為主電瓶充電，抵達作戰海域後才改為潛航。此時便可利用史特林機進行充電，不必再像以往潛艦那樣必須仰賴呼吸管充電，可持續遂行作戰。搭載史特林機的潛艦除了蒼龍級之外，還有瑞典海軍的哥特蘭級（*Gotland* class）潛艦、南曼蘭級（*Södermanland* class）潛艦等。

**圖　史特林機簡圖**

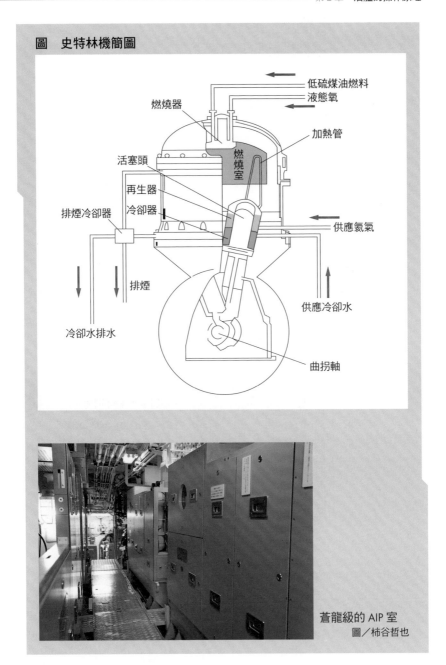

低硫煤油燃料
液態氧
燃燒器
加熱管
活塞頭
再生器
排煙冷卻器
冷卻器
燃燒室
供應氦氣
排煙
供應冷卻水
冷卻水排水
曲拐軸

蒼龍級的 AIP 室
圖／柿谷哲也

# 2-13 核動力推進❶
## ～潛艦最理想的動力

　　核動力主機由於不需要空氣，因此對於在海中行動的潛艦而言，可說是最適合的動力。除此之外，作為燃料的濃縮鈾比起同體積的化石燃料，可產生數百萬倍的熱能，用以產生蒸汽的鍋爐體積也能縮小。潛艦搭載的核反應爐屬於壓水式（PWR<sup>※1</sup>）輕水爐，

**圖　核動力主機的原理**

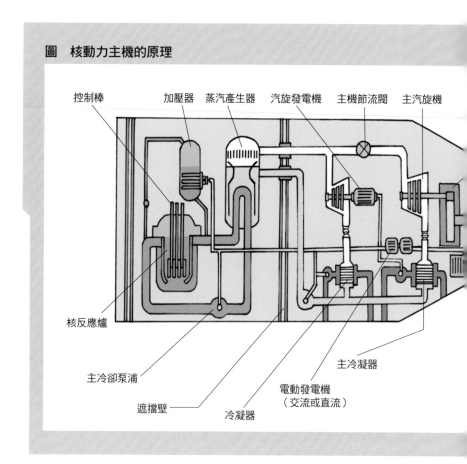

控制棒　　加壓器　蒸汽產生器　汽旋發電機　主機節流閥　主汽旋機

核反應爐

主冷卻泵浦

遮擋壁　　　　冷凝器

電動發電機
（交流或直流）

主冷凝器

反應爐容器內有大量浸在水（輕水）中的燃料棒。燃料棒裡面有直徑數公分的燃料柱，整根棒子以鋯合金包覆。燃料棒內為陶瓷燒結核燃料鈾235，為了延長壽命，濃縮度會比較高[2]。

燃料棒內的鈾原子核被中子碰撞後，原子核便會分裂成二顆，並產生二至三個中子。核分裂的瞬間會產生巨大熱能，若連鎖反應超過臨界則會爆炸，因此必須在各燃料棒間插入吸收中子的物質（鎘、鉿、碳化硼等）以控制核分裂。

核反應爐內的水吸收核分裂產生的熱能後會變成熱水，並於管路內進行加壓，自核反應爐送至蒸汽產生器。蒸汽產生器內的水會被高溫管路加熱至沸騰，產生高壓蒸汽，以此推動二部汽旋機的渦輪葉片，並與電動馬達轉軸相接，帶動俥葉旋轉。

由馬達帶動電動發電機發出的電力會為電瓶充電，至於高壓蒸汽推動汽旋機後，則會進入冷凝器凝結為水。這些水會以泵浦打回蒸汽產生器，再度被加熱為高溫、高壓蒸汽，重複以上循環。冷凝器會以內有海水的冷卻管路進行冷卻，這些海水最後會排放至艦外。

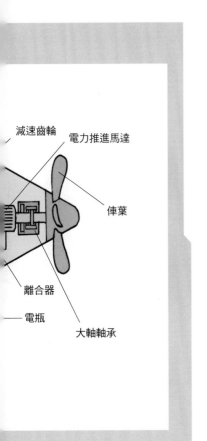

減速齒輪
電力推進馬達
俥葉
離合器
電瓶
大軸軸承

※1 PWR：Pressurized Water Reactor
※2 核能發電廠為 2～4%，但軍艦是 20%以上。依據文獻資料，甚至還有 90%以上的說法，但由於事關機密，詳情不明。

# 核動力推進❷
## ～以多重備援確保安全

　　核動力潛艦的主機原理，與核能發電廠使用的壓水式（PWR）輕水爐相同。然而，核反應爐用於潛艦時，除了必須著重官兵的輻射防護，也得要能耐受敵方攻擊，因此反應爐的耐壓性以及包括配管在內的強度設計，標準都會高於核能發電廠。遮蔽構造必須考量到戰損的狀況，所以做得相當堅固，有好幾層的保護。

　　美國的核動力潛艦也備有柴油機，在核動力主機發生問題無法使用時可進行備援。柴油機的燃油櫃配置於核反應爐艙段前方，這是因為液態氫原子會吸收核反應爐產生的中子，可發揮遮擋效果。像這樣，所有安全系統包含手動在內，具有許多套備援系統，核反應爐的安全對策技術堪稱最高水準。攸關國家存亡的潛艦，若在戰鬥時發生核能事故，那就不夠格稱為軍艦了。

　　包括核反應爐在內，負責操作所有主機的艙室稱為操縱室（Maneuvering Room），美國的核動力潛艦會將操縱室配置於核反應爐艙與汽旋機所在的機艙之間。人員會在此處控制核反應爐、操作核動力系統、控制汽旋機節流閥、調整艦內配電。萬一核動力主機故障，必須啟動柴油機，相關操作也會在此進行。核反應爐艙基於安全因素，裡面並無人員，但即便在核反應爐關閉或潛艦泊港不動時，操縱室也都必須要有核反應爐部門人員常駐，以監看各項數值從事安全管理。

表　世界核動力潛艦一覽（2016 年 9 月時）

| 國家 | 類型 | 艦級 | 1號艦服役年 | 建造數量 | 現役數量 |
|---|---|---|---|---|---|
| 美國 | 戰略／巡弋飛彈核潛艦 | 俄亥俄級／俄亥俄級改裝型 | 1981年 | 18 | 18 |
| 美國 | 攻擊型核潛艦 | 洛杉磯級 | 1972年 | 62 | 39 |
| 美國 | 攻擊型核潛艦 | 海狼級 | 1997年 | 3 | 3 |
| 美國 | 攻擊型核潛艦 | 維吉尼亞級 | 2004年 | 12 | 12 |
| 美國 | 戰略型核潛艦 | SSBN-X | 預定2031年 | 0 | 0 |
| 俄羅斯 | 戰略型核潛艦 | 941型（颱風級） | 1981年 | 6 | 1 |
| 俄羅斯 | 攻擊型核潛艦 | 945型（塞拉級） | 1987年 | 4 | 4 |
| 俄羅斯 | 巡弋飛彈核潛艦 | 949A型（奧斯卡II級） | 1981年 | 13 | 5 |
| 俄羅斯 | 戰略型核潛艦 | 667BDR型（三角洲III級） | 1976年 | 14 | 3 |
| 俄羅斯 | 戰略型核潛艦 | 667BDRM型（三角洲IV級） | 1984年 | 7 | 6 |
| 俄羅斯 | 特種作戰型核潛艦 | 1910型（統一級） | 1986年 | 3 | 3 |
| 俄羅斯 | 特種作戰型核潛艦 | 1851.1型（帕爾圖斯級） | 不明 | 2 | 2 |
| 俄羅斯 | 特種作戰型核潛艦 | AS-12（洛沙里克級） | 2003年左右 | 1 | 1 |
| 俄羅斯 | 攻擊型核潛艦 | 971型（阿庫拉級） | 1984年 | 15 | 9 |
| 俄羅斯 | 攻擊型核潛艦 | 671RTM型（勝利III級） | 1988年 | 4 | 4 |
| 俄羅斯 | 戰略型核潛艦 | 955型（北風之神級） | 2013年 | 3 | 3 |
| 俄羅斯 | 攻擊型核潛艦 | 885型（亞森級） | 2013年 | 1 | 1 |
| 印度 | 攻擊型核潛艦 | 查克拉級（阿庫拉級） | 2012年 | 1 | 1 |
| 印度 | 戰略型核潛艦 | 征服者級 | 2016年 | 1 | 1 |
| 英國 | 攻擊型核潛艦 | 特拉法爾加級 | 1983年 | 7 | 4 |
| 英國 | 戰略型核潛艦 | 先鋒級 | 1993年 | 4 | 4 |
| 英國 | 攻擊型核潛艦 | 機敏級 | 2010年 | 3 | 3 |
| 英國 | 戰略型核潛艦 | 先鋒級後繼艦 | 2028年預定 | 0 | 0 |
| 法國 | 攻擊型核潛艦 | 紅寶石級 | 1983年 | 6 | 6 |
| 法國 | 戰略型核潛艦 | 凱旋級 | 1997年 | 4 | 4 |
| 法國 | 攻擊型核潛艦 | 絮佛倫級 | 2019年 | 6 | 2 |
| 中國 | 攻擊型核潛艦 | 091型（漢級） | 1974年 | 5 | 3 |
| 中國 | 戰略型核潛艦 | 092型（夏級） | 1983年 | 1 | 1 |
| 中國 | 攻擊型核潛艦 | 093型（商級） | 2006年 | 2 | 2 |
| 中國 | 戰略型核潛艦 | 094型（晉級） | 2007年 | 4 | 4 |
| 中國 | 攻擊型核潛艦 | 095型（隋級） | 2015年 | 2 | 2 |
| 中國 | 戰略型核潛艦 | 096型（唐級） | 2014年 | 不明 | 不明 |
| 巴西 | 攻擊型核潛艦 | 阿爾瓦羅・阿爾貝托 | 2025年預定 | 0 | 0 |

# 核動力推進❸
## ～汽旋電動式

　　利用核反應爐產生的能量推動汽旋機時，必須在高速迴轉的汽旋機與低速迴轉的大軸之間加裝調節轉數用的減速齒輪與離合器，這種驅動方式稱為汽旋機械式（Geared-Turbine）。由於汽旋機械式驅動的減速齒輪會產生噪音，因此不利隱密潛航。

　　為了改善這種情形，就會改讓汽旋機的動力去驅動發電機，發出的電力再帶動馬達與大軸迴轉，此法稱作汽旋電動式（Turbo-Electric）。這種方式可省略會產生機械噪音的減速齒輪，改以配電盤控制電流調整大軸轉數，在運用上有不少好處。由於汽旋機並未與大軸連接，因此汽旋機位置與水密艙構造配置較具彈性，就潛艦設計的角度來看也有不少優點。然而，它的電氣系統配線卻比較複雜，缺點是維護性與可靠度較不理想。

　　美國海軍有白鮭魚號（USS *Tullibee*, SSN-597）與另 1 艘核動力潛艦（已除役）、俄羅斯海軍有 7 艘 705 型核動力潛艦（已除役）、中國海軍有 091 型核動力潛艦（漢級）採用汽旋電動式設計，但由於維護性與輸出功率不及汽旋機械式，因此並未普及。

　　至於減速齒輪的噪音問題，可以用提升防震裝置、防音裝置能力的方式改善，最新型潛艦已經解決。然而，法國海軍卻仍持續採用汽旋電動式推進，他們引進維護性較佳的交流電動機，並提升電力電子學技術，成功改善以往那些缺點。

服役於 1974 年至 1990 年的美國海軍攻擊型核動力潛艦格萊納德・P・利普斯科姆號（USS *Glenard P. Lipscomb*, SSN-685），它是美國海軍最後一艘汽旋電動式潛艦。水下排水量 6,480 噸　　　　　　　　　圖／美國海軍

法國 DCNS 公司研製中的絮佛倫級（原稱梭魚級）攻擊型核動力潛艦預想圖。它採核動力汽旋電動式設計，主機產生的能量會將高壓水流向後噴出形成推進力，使用的是泵噴推進器。預定從 2017 年開始在 12 年內生產 6艘，完成 2 艘　　　　　　　　　插圖／ marine nationale

　　潛艦會使用聲納（SONAR[※]）來偵測敵艦，在水下若要偵測敵艦的位置與距離，就只能仰賴聲波。若想有效運用聲納，就得先搞懂聲波的傳播特性。

　　聲波在靠近海面的淺海中，傳播速度會比在空氣中的傳播速度（約340公尺／秒）高上大約四點五倍，約為1,513公尺／秒（氣溫15℃）。若水溫越高、水壓越大、鹽份越濃，聲波傳播速度則會越快。舉例來說，如果水溫上升1℃，速度就會快上3公尺／秒左右。如此一來，聲波在水溫較高的海面附近傳播速度就會比較快，在水溫較低的深海則會變慢。到了水深1,000公尺處，雖然水溫已趨於恆定，但由於水壓很大，因此聲波傳播速度又會再度變快。此外，聲波的反彈方向也會因頻率、海中溫度、海底地質等因素而異。

　　因為這樣的關係，敵艦發出的各種噪音，在傳播時就會受到靠近海面的表面層、約20公尺（夏季）至200公尺（冬季）的混合層、再往下的斜溫層（Thermocline）、深約700至1,200公尺的深水聲道（Sound Fixing And Ranging Channel，SOFAR Channel）影響，因速度變化而產生折射、蛇行等現象。

　　深水聲道是聲波傳播速度最慢的區域，往上會因溫度上升而折射，往下則會受到水壓影響而折射，因此會以蛇行方式傳播至非常遙遠的距離。

　　另外，聲波在水深約500公尺的斜溫層既不會傳播至海底，也不會在中途折射、衰減，是一個能將聲波傳遞至遠方的收束帶。

　　此時在斜溫層與深水聲道之間就會出現聲波無法抵達的陰影區，潛艦若位於此區，就無法偵測到敵艦發出的聲響。

　　若敵艦以主動聲納（參閱 **2-17**）實施反潛作戰，潛艦就會下潛至混合層下方，躲進陰影區以避免遭到偵獲。特別是海水溫度較高的白天正午時分，陰影區與表面層的溫差會特別大，進而影響到主動聲納在淺深度的偵測能力，這種現象稱作午後效應。

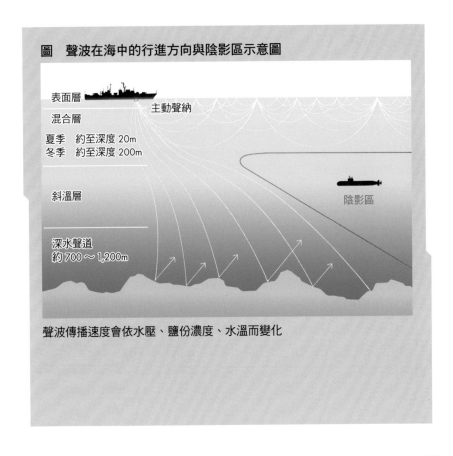

**圖　聲波在海中的行進方向與陰影區示意圖**

表面層

主動聲納

混合層

夏季　約至深度 20m
冬季　約至深度 200m

斜溫層

陰影區

深水聲道
約 700～1,200m

聲波傳播速度會依水壓、鹽份濃度、水溫而變化

潛航中的潛艦只能仰賴聲納來識別敵艦，因此潛艦會依目的配備數種不同聲納。

艦艏聲納可接收高頻聲波，用以偵測前方較近距離。古早潛艦會將音鼓排列成圓柱形，但 1980 年代以降的潛艦則會將聲納的音鼓排列成球形。

實施偵測時，基本上都是被動接收敵方聲波。然而，艦艏聲納還是能主動發射聲波，靠著碰到敵艦後回彈的聲波掌握敵艦正確距離與位置。在即將發射魚雷時，若判斷「就算被敵方發現也罷」，就會拍發主動聲納以取得最終諸元。

由於艦艏聲納艙後方設有阻隔艙內噪音的艙壁，因此會產生偵測盲區（Baffle）。有鑑於此，艦艏聲納就無法蒐集來自潛艦後方的聲音。若要確認後方有無敵潛艦接近，就必須執行盲區確認（Baffle Check、Baffle Clearance），調轉潛艦方向，使聲納可以對不同方位進行偵測。

執行後方確認時也會使用拖曳式聲納陣列（STAS※），它會自艦尾施放數百公尺，可偵測到來自遠方的低頻聲波。然而，由於STAS 為筒軸狀，因此若要判別聲波方位，就必須數度調整潛艦行進方向才有辦法測量。

裝在舷側的側面聲納陣列（Flank Array Sonar）僅為被動式，與艦艏聲納相比，可以偵測到更低頻的遠方聲響。

由於被動式聲納除了目標敵艦之外，也會收到我方艦艇或一般船舶、海洋生物發出的聲音，因此必須設法排除雜音，並將敵艦聲紋與聲紋資料庫中收集的資料進行比對。

※Submarine Towed Array Sonar

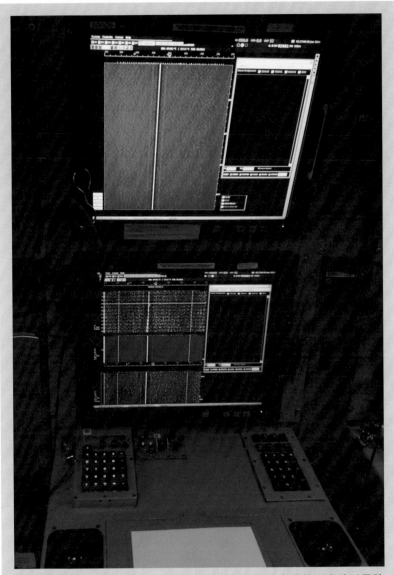

維吉尼亞級的聲納顯控台，畫面中的綠色部份顯示音源的磁方位以及強度，黑框則是用來記錄資訊、顯示目標，透過其他手段（雷達或 ESM 等）偵獲的目標也能同時顯示於此

圖／柿谷哲也

## 2-18 魚雷艙
### ～也能設置供乘員就寢的鋪位

　　除了配備垂直發射系統（VLS[※1]）的戰略型潛艦之外，潛艦的攻擊兵器全部都存放於魚雷艙。一旦進入這個狹窄艙間，「這艘潛艦裝載幾枚魚雷」、「有幾枚反艦飛彈」、「有沒有攜帶水雷」等資訊就會曝光，進而掌握該潛艦的攻擊力，因此是機敏性最高的處所。

　　魚雷艙內大致有魚雷管、發射控制站、數層武器存放架，存放架數量較多的潛艦會分別配置於兩舷，中央則是通道。魚雷存放於架上的托盤，裝填魚雷之際，會將托盤帶到魚雷管後端，讓魚雷可以順勢推入發射管。

　　魚雷管分列於兩舷，中間是發射控制站。人員依控制室發射管制台下達的指示，將魚雷等自托盤推入發射管，並掌控複數發射管。維吉尼亞級會透過觸控式武器設定畫面（WSP[※2]）進行操作，可顯示搭載武器資訊、選擇發射武器、對武器輸入諸元等。魚雷管的管理資訊顯示於 WSP 旁邊的螢幕，可操作各閥門開閉、調整魚雷管內壓力與溫度、魚雷管艙蓋開閉等。武器托盤後方設有放置魚雷尾端訊號線容器的架子。

　　海上自衛隊的潛艦有時也會將魚雷存放架當作官兵的鋪位來使用，睡在攸關國家存亡的魚雷旁邊到底是什麼樣的感覺，實在是很耐人尋味。至於美國潛艦，曾有軍官表示：「由於艦內還有其他空間可以打地鋪，因此最近都比較沒跟魚雷睡在一起了」。

※1 Vertical Launching System
※2 Weapon Setting Panel

美國海軍維吉尼亞級的魚雷發射控制站,採用觸控式螢幕,包括魚雷裝填、發射後的線導控制都能在此進行。右方可以看見上下兩組魚雷管

圖╱柿谷哲也

# 2-19 控制室
## ～作戰與航海全都在此掌控

海上自衛隊潛艦的第 1 水密艙是魚雷艙，位於其後的第 2 水密艙則是相當於潛艦中樞的控制室。此處位於帆罩正下方，連接艦內與帆罩的通道位於控制室前方。

一般潛艦會在控制室中央配置貫穿帆罩的潛望鏡，不過日本的蒼龍級、美國海狼級以降的新型潛艦此處卻不再有潛望鏡，取而代之的是由多具顯示器排列而成的資訊顯控台（Information System Console），艦長可透過畫面檢視非貫通型潛望鏡拍攝到的影像。潛望鏡或資訊顯控台的左舷側往艦艏方向設有駕駛席，左舷艙壁配置機械控制台，再往後則是海圖台。也就是說，控制室的左半部是屬於駕駛、動力、導航相關區塊。至於右舷，蒼龍級配置的是潛艦戰術顯控台，美國海軍潛艦則是先進型反潛系統等資訊處理與戰鬥指揮系統，屬於戰鬥中樞。

潛艦的這種配置方式，與水面戰鬥艦全然迥異。水面戰鬥艦的航海作業是在駕駛台執掌，戰鬥指揮於戰情中心（CIC※）進行，主機（動力）操控則由機艙控制室負責。艦長一般會坐在駕駛台的艦長席上，作戰時進入 CIC 執掌指揮。潛艦的控制室則兼具作戰與航海機能，且包括美日在內的大多數國家潛艦，控制室都沒有特定的艦長席位，艦長是站著執掌指揮。

穩坐於駕駛台艦長席執掌指揮的水面艦艦長與站著指揮的潛艦艦長，給人的印象真是大相逕庭。

※ 編註：Combat Information Center

蒼龍級控制室自艦艏往後方觀看的樣子，前方圓柱潛望鏡為備用的傳統式貫通型，中央的黑色顯示器畫面則是用來檢視非貫通型潛望鏡拍攝的畫面

圖／柿谷哲也

自右舷觀看美國海軍維吉尼亞級的控制室，右方為非貫通型潛望鏡的顯示器，左後方為聲納顯控台

圖／柿谷哲也

# 桅杆
## ～裝有各種監偵設備、通訊設備

　　潛望鏡與各種感測器等突出於帆罩的棒狀裝備總稱為桅杆，主要包括光學潛望鏡、電子潛望鏡、通訊天線、電戰支援（ESM）感測器、平面搜索雷達等。

　　光學潛望鏡一如字面所述，屬於一種光學設備，它會以稜鏡將入射鏡片的影像反射至控制室內的接目鏡，讓人可以觀看艦外情景。電子潛望鏡則類似於數位相機，拍攝外部影像後，透過電子訊號傳送至控制室的資訊顯控台，特色是可以拍攝影片與照片。通訊天線則是一個圓頂罩，裡面裝有衛星通訊用的迷你碟型天線。用以偵測周圍電波的電子戰支援（ESM[※1]）感測器，是由偵蒐用的感測器與測向雷達（DF[※2]）天線構成，形狀會依各廠而異。另外，也有一種將這些功能全部整合在一起的多功能桅杆，或稱為複合桅杆。潛艦為了有備無患，多會配備二根潛望鏡與天線，有潛艦則會配備二根性能互有差異（高低配）的同性質裝備。

　　平面搜索雷達是一款 T 字型的迴轉式雷達，進出港時用以掌握周圍船舶位置。另外，若在演習時要與水面艦組成編隊，或是特種部隊搭乘直升機前來會合之際，也會伸出平面搜索雷達。針對較低高度目標，平面搜索雷達也能發揮某種程度的對空監視功能。由於這些桅杆很容易會被空中的反潛機或周邊艦艇搭載的感測器偵獲，因此會極力避免伸出海面。艦長觀看潛望鏡時，只會花費數秒轉一圈並迅速完成測距。

※1 Electronic Support Measures
※2 Direction Finder

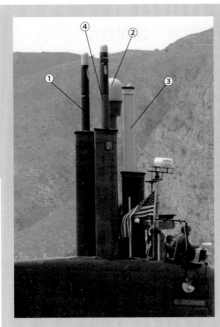

## 洛杉磯級的桅杆

① Type18 多功能潛望鏡：光學設備與 UHF ／ VHF 通訊

② SubHDR 高速資料傳輸天線：SHF ／ EHF 衛星通訊用。由於無法同時使用，因此要裝 2 根

③ OE538 多功能通訊桅：HF ／ UHF ／ VHF ／銥衛星通訊與發射敵我識別訊號

④ Type8 Mod.3 多功能潛望鏡：光學設備與 EHF 通訊

⑤ BVS-1 光學桅：彩色影像、高感度單色影像、熱影像攝影，雷射測距、電波偵蒐

圖／美國海軍

俄亥俄級現代化後的桅杆

圖／ Hong Heebun

# 潛艦的靜音性
## ～想盡各種辦法避免發出聲音

　　艦體和俥葉與海水碰撞便會產生噪音，對於重視隱密性的潛艦而言，特別講究艦體與俥葉的設計，必須透過流體實驗找出靜音性較佳的形狀。

　　噪音大致可以分為因馬達振動等直接接觸艦體而產生的直接噪音，以及乘員生活噪音等產生自艦內環境的間接噪音。要降低直接噪音，可以在噪音來源設備加裝防振緩衝墊。至於間接噪音，則會在底板與艙壁材料上下工夫，以避免產生噪音，並同時調整官兵的生活習慣。

　　另外，日本與美國的潛艦會在艦體與俥葉上開設大量小孔，這些小孔會釋放氣泡，讓氣泡在遠離艦體的地方破裂，藉此掩蓋自艦產生的噪音。自艦體釋放的氣泡稱作 Masker，自俥葉釋放的氣泡稱作 Prairie。

　　雖然人們常說「日本潛艦比其他國家潛艦都還要安靜」，但具體而言到底安靜到什麼程度，因屬國防機密而從未公佈。筆者曾探詢過美國海軍洛杉磯級核動力潛艦與阿利・柏克級驅逐艦的聲納手，他們表示：「親潮級、蒼龍級特別安靜」、「全亞洲第一安靜」。

　　美國的後期型洛杉磯級噪音為 120dB（分貝）以下，中國漢級為 140dB，俄羅斯的基洛級為 118dB、韓國海軍使用 AIP 的 214 型為 110dB，日本潛艦則比這些都安靜。附帶一提，差 6dB 為二倍，差 10dB 為三倍，差 20dB 則為十倍，因此假設蒼龍級的噪音為 108dB，那與 118dB 的基洛級相比，噪音大小就會差上三倍。

　　然而，由於測量噪音的方法與測量環境（波浪噪音、其他船舶噪音、生物噪音）等條件常有變化，因此要判斷水下噪音的優劣並沒有那麼簡單。

圖表 潛艦的噪音

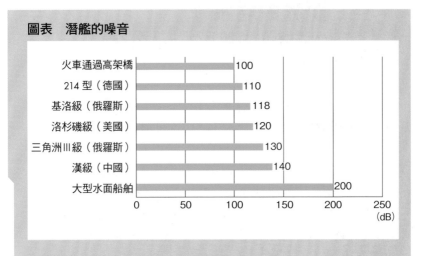

| | | | | |
|---|---|---|---|---|
| 火車通過高架橋 | 100 | | | |
| 214 型（德國） | 110 | | | |
| 基洛級（俄羅斯） | 118 | | | |
| 洛杉磯級（美國） | 120 | | | |
| 三角洲Ⅲ級（俄羅斯） | 130 | | | |
| 漢級（中國） | 140 | | | |
| 大型水面船舶 | 200 | | | |

戴上耳機觀賞影片的潛艦官兵。雖然空間中產生的聲音並不會直接透過艦體傳至海中，但養成這種「處處留意」的習慣仍有其意義　　圖／柿谷哲也

　　三至三十千赫茲（kHz）頻段的超低頻（VLF[1]）通訊是地面基地與潛艦通聯的最普遍手段，擁有潛艦的國家[2]都會運用。

　　VLF具有能夠穿透水面的特性，即便潛航於深度十公尺左右，潛艦還是能收到訊號。若想在深潛狀態收訊，則可放出天線浮標。然而，由於發射VLF訊號需要比較大型的天線，因此無法從潛艦發出訊息。另外，超低頻通訊的位元速率也很低，可傳送的資料量相當有限。通訊內容據說都是作戰指示或氣象資訊，訊息內容也會經過加密。

　　日本海上自衛隊是由中央系統通訊隊（Communications Master Station JMSDF）運用的蝦野通訊站（宮崎縣）負責相關通訊，以前日本海軍則是使用依佐美通訊站（愛知縣）與潛艦進行VLF通訊。該處於戰後仍由美國海軍持續使用至1994年，目前則是紀念館，有留下一些設施。

　　美國海軍還具備自空中進行VLF通訊的手段，以E-6B作為通訊中繼／空中指揮機TACAMO[3]。機內配備功率200瓩（kW）的VLF發訊機，透過機尾放出的纜狀天線發射訊號。基於VLF的特性，纜狀天線必須垂直於地面，若要讓飛在天上的飛機放出的纜線形成垂直，長度就必須相當長，拖曳在後的纜狀天線最長可達約七點九公里。

　　纜線末端裝有一個四十公斤的重錘，放出纜線後，只要飛機持續進行大轉彎，纜狀天線末端就會與地面保持垂直，在空中構成一組巨大的發訊天線。

[1] VLF：Very Low Frequency
[2] 已確認日本、美國、法國、英國、澳洲、瑞典、土耳其、北約（NATO）、印度、俄羅斯、中國、巴西、智利有相關設施。
[3] TACAMO：TAke Charge And Move Out

波音 E-6B 水星式指揮通訊機　　　　　　　　　　　　圖／美國海軍

圖　戰略核動力潛艦與 E-6B 水星式的通訊

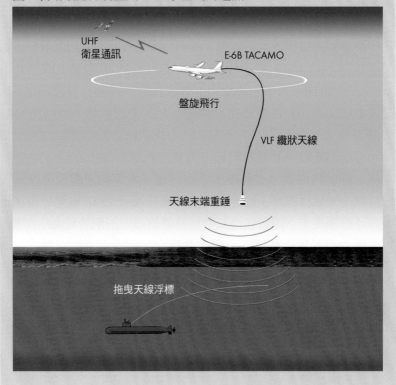

UHF
衛星通訊

E-6B TACAMO

盤旋飛行

VLF 纜狀天線

天線末端重錘

拖曳天線浮標

# 潛艦的通訊❷
## ～極低頻（ELF）與深海海妖

　　國家發生緊急狀況之際，搭載核子飛彈的戰略型核動力潛艦（SSBN）該如何接收總統下達的「核武攻擊命令」呢？潛航中的SSBN會透過三至三百赫茲（Hz）的極低頻（ELF※）訊號接收訊息，依據電離層的狀態，ELF最遠可以傳送3,000公里以上。除此之外，ELF也具備可以穿透土地、海水、北極海冰層的性質，因此只要潛艦放出拖曳天線，即便潛航於最大深度，也還是能夠收到訊號。然而，ELF的通訊速度卻很慢，不適合傳送大量資料。此外，ELF訊號還必須透過長達數十公里的大規模天線才能發射，因此只能由地面基地發訊，無法由潛艦發訊。

　　俄羅斯海軍於北方艦隊所在的科拉半島（Kola Peninsula）設有一座稱為ZEVS的發訊站（82Hz），天線長約60公里。開始運用SSBN的印度海軍也著手建設ELF發訊設施，於2015年開始運用。至於美國海軍，在冷戰時代也曾設有ELF發訊設施，但已於2004年關閉。

　　美國海軍有一套應該已經投入實用的深海海妖（Deep Siren）系統，會從飛機或水面艦投下天線浮標，水下的潛艦也會施放天線浮標。天線浮標浮上海面後，會從衛星接收UHF電波，再透過天線浮標垂入水下的轉換送訊機將訊號傳送至潛航於深海的潛艦，可傳送的資料量比較豐富。浮標會設定在經過一定時間後沉入海中，屬於消耗品。此種通訊方式除了SSBN之外，也會用於攻擊型核動力潛艦（SSN）。

※ELF：Extremely Low Frequency

## 圖　ELF 通訊示意

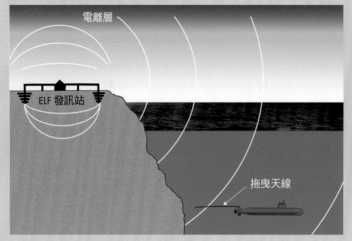

ELF 可以將訊號傳送至位於水下的潛艦

## 圖　深海海妖系統示意

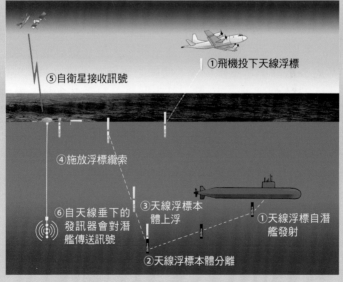

參考：Raytheon, Deep Siren Deployment Overview

# 德國的潛艦
## ～最暢銷的 U 艇

　　說到 U 艇，最有名的就是第二次世界大戰期間威脅同盟國艦船、戰後也隨電影廣為人知的納粹德國潛艦。然而，這個詞彙原本的意思單純就是指潛水艇（Unterseeboot），因此德國會把所有潛艦都稱作 U 艇。戰後，西德曾一度受到軍備限制，1955 年則獲准建造尺寸比大戰期間 U 艇來得小的潛艇，1960 年開始建造三艘 201 型 U 艇（水下排水量 433 噸）。翌年著手建造十三艘 205 型 U 艇（水下排水量 450 噸），其中二艘外銷至丹麥。1969 年，水下排水量直逼限制（498 噸）的 206 型 U 艇問世。

　　由於外銷潛艦不受排水量限制，因此 HDW 公司（Howaldtswerke-Doutscho Worft GmbH，現為蒂森克虜伯海洋系統 ThyssenKrupp Marine Systems，TKMS）便將 205 型放大，開始建造外銷用的 209 型 U 艇。209 型包括全長 54 公尺、水下排水量 1,207 噸的 209／1100 型至全長 64.4 公尺、水下排水量 1,810 噸的 209／1500 型，可依客戶國需求調整設計，1971 年以降共外銷 14 個國家，創下 61 艘的銷售佳績。

　　至於未採用 209 型的德國則繼續研製大型 U 艇以取代 206 型，1997 年終於解除排水量限制後，便開始研製水下排水量 1,830 噸的 212A 型。212A 型建造了 10 艘，其中四艘外銷至義大利，更大型的 214 型也是外銷構型，售予希臘、韓國、葡萄牙。外銷型的 209 型與 214 型也有授權客戶國進行生產，由此可見德國的潛艦外銷事業除了品質優良之外，還具備能夠配合客戶需求的彈性行銷力，與法國潛艦廠商 DCNS 公司一起爭奪世界市場。

# 第 3 章

# 潛艦的戰術

雖然潛艦是一種缺乏通用性的海軍兵器，但若能妥善利用水下自然環境施展戰術，便可單槍匹馬發揮凌駕水面艦的戰力，實力相當強大。本章要介紹的是潛艦與水面艦、飛機的作戰範例。

海上自衛隊的親潮級潛艦磯潮號（SS-594）。自豐後水道航向訓練海域　　　　　　　　圖／柿谷哲也

　　潛艦的最重要功能之一，就是對航艦或驅逐艦等水面艦船發動攻擊。海上自衛隊將潛艦的攻擊行動稱為「襲擊※」。

　　潛艦聲納偵測到水面艦後，首先會分析聲紋特徵，先弄清楚「是敵是友？」，「若為敵艦，艦種為何？艦名為何？」，「是否搭載具威脅性的反潛直升機？」等各種情報。只要與長年累積的資料進行比對，除了艦種之外，就連艦名也都能查得出來。

　　接著，若天候、海象狀況許可，便會上浮至潛望鏡深度，將潛望鏡或感測器伸出海面確認目標。以潛望鏡目視確認的行為稱作 Victor（V）接觸，以平面搜索雷達確認稱為 Romeo（R）接觸，透過 ESM 確認則稱為 Echo（E）接觸。

　　若潛艦艦長已經從指揮部收到擊沉許可令，便會發射魚雷，一舉決定勝負。然而，這種狀況只有兩國已進入戰爭狀態才會發生。

　　當然，水面艦也會對潛艦實施反潛戰。要制止潛艦發動攻擊，一般來講首先得要找出潛艦的所在位置。自陸上基地起飛的定翼反潛機或水面艦搭載的反潛直升機會使用音響偵測與磁性偵測（Magnetic anomaly detection）等手段，想盡辦法從空中找出潛艦。由於潛艦的魚雷射程僅有數公里，因此若氣象、海象條件許可，自水面艦的艦橋也是可以看見潛望鏡，大家都在等潛望鏡冒出海面的那一瞬間。

---

※編註：根據日本《精選版 日本国語大 典》定義，是出其不意地攻擊敵人。

美國海軍洛杉磯級基威斯特號的 Type18B 潛望鏡，其 SUBIS（SUBmarine Image System）可拍攝影片與 6 倍 1200 萬畫素的數位影像　　圖／柿谷哲也

分別扮演敵我軍執行反潛訓練時，突然出現於海面的潛望鏡與平面搜索雷達，應該是韓國海軍的張保皋級潛艦　　圖／柿谷哲也

# 3-2 反水面戰❷
## ～魚雷攻擊①

　　配備艦艏聲納的水面艦，會發射聲波偵測潛艦所在位置。然而，當水面艦被迫使用艦艏聲納之際，對於水面艦而言同時也是「看是你死還是我活」的最後一招。因為當艦艏聲納拍發的聲波抵達潛艦之時，潛艦也就同時透過聲波掌握水面艦的行動與意圖，進而能夠裝填魚雷、為發射管注入海水、打開前蓋，完成發射準備。也就是說，當水面艦收到艦艏聲納回波，並完成潛艦位置解析、對魚雷系統輸入諸元時，對手潛艦早就已經鎖定水面艦，就差按下魚雷發射鍵而已。若是在戰爭狀態下，魚雷老早已經發射出去了。此時水面艦只能仰賴音響誘標（Acoustic Decoy）等防禦手段，並實施迴避運動以閃避魚雷，盡全力採取防禦作為。

　　然而，一旦水面艦閃過潛艦的魚雷攻擊，那就可以轉守為攻，有機會對潛艦發射魚雷。幾乎所有驅逐艦與巡防艦都會配備反潛魚雷，部份水面艦甚至還備有加裝火箭推進器的魚雷（ASROC，又稱反潛飛彈）。從天上掉下來的魚雷對潛艦而言實在很難應付，因此為了避免水面艦展開反擊，潛艦也會持續發射魚雷。

　　一旦進入這種局面，由於雙方的存在皆已於戰鬥狀態下顯露無遺，因此潛艦也會將聲納切換至主動模式，以將水面艦的正確位置輸入魚雷。除此之外，也能選擇迅速潛入深海，等待攻擊機會再度來臨。

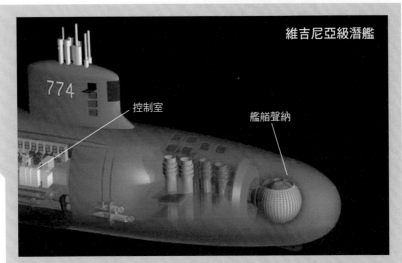

維吉尼亞級艦艏配備的 BQQ-10 聲納能以主動或被動方式偵測敵艦

插圖／All Hands/Stephen Rountree 部份變更

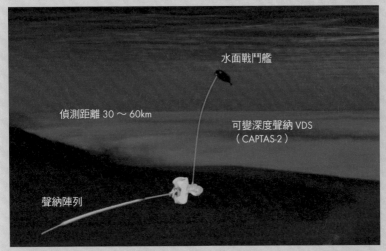

達利思公司（Thales）研製的可變深度聲納 VDS（Variable Depth Sonar）CAPTAS-2。此聲納會從水面艦的艦艉施放，改變深度以被動方式偵測敵潛艦

插圖／THALES

# 反水面戰❸
## ～魚雷攻擊②

　　雖然水面艦不太會主動去追蹤潛艦、發動魚雷攻擊，但若潛艦開始對水面艦展開魚雷攻擊，水面艦還是可以魚雷反擊。水面艦搭載的魚雷裝在甲板上的魚雷發射管內，靠壓縮空氣發射。魚雷發射管大多會設置於兩舷舷側，朝著艦艏聲納偵測到的潛艦方位發射。

　　潛艦為了閃避魚雷，會想辦法繞到魚雷管的死角，也就是水面艦的正後方。此時水面艦也會操作急轉彎，藉此取得魚雷射角。除此之外，水面艦碰到魚雷接近時，也會使用誘標（參閱 **3-8**），或以急轉彎迴避。

　　水面艦還有一種戰術，是以魚雷去攔截潛艦的魚雷。只要水面艦連續發射魚雷，擊退潛艦的機率就能提高。雖說如此，由於一般水面艦的魚雷管大多無法再次裝填，因此在應對上會比較慎重，避免全彈耗盡。反之，潛艦會比較容易掌握敵水面艦的武裝與性能，可從對手的魚雷搭載數量來研擬戰術。

　　水面艦也會利用資料鏈（Data link※）將潛艦的位置資訊傳送給僚艦，讓潛艦得要同時對付二艘以上的對手。然而，只要有一艘水面艦受創，潛艦包圍網也就隨之崩解，其他水面艦會盡力迴避危險，或前去救援受創艦（只能相信潛艦不會打過來）。由此來看，潛艦不管是面對單艘或多艘水面艦，都仍能維持優勢。

---

※編註：無線電傳送的線路，是異地用於收發資料的工具和媒介，藉以將同步之訊號，及掃瞄資料傳送至遠處之譯秘器及復視器。

聲納

阿利‧柏克級驅逐艦賈森‧鄧漢號（USS *Jason Dunham*, DDG-109）艦艏的
SQS-53C（V）1 聲納。愛宕型護衛艦也配備同樣型號的聲納　圖／美國海軍

自阿利‧柏克級驅逐艦拉梅奇號（USS *Ramage*, DDG-61）發射的 Mk54 魚
雷，此型魚雷可以用於較淺深度　　　　　　　　　　　　圖／美國海軍

# 魚雷攻擊程序
## ～務求瞬間確認、一擊必中

　　若指揮部已經下達對敵艦的攻擊命令，潛艦就會展開魚雷攻擊。前面也有提過，日本會稱魚雷攻擊為「襲擊」。由於潛艦一旦發動攻擊就會喪失隱密性，因此必須講求一發解決對手。若對手是航艦打擊群，一般來說各艦會取數公里的間隔距離，而優先目標自然就是戰略上最具關鍵性的航艦或兩棲登陸艦等高價值目標（High Value Unit, HVU）。除此之外，最靠近潛艦本身的驅逐艦由於威脅程度較高，因此也會加以攻擊。

### ●對敵高價值目標發動魚雷攻擊的程序範例

#### ①以聲納偵測
- 將艦艇聲納偵獲的多個水面目標依序命名為 S1、S2。S 代表以聲納偵獲，是 Sierra（S）接觸的簡稱。
- 計算出各目標的方位。
- 雖然可預設聲音較大的目標為高價值目標，但此時尚無法斷定。由於還未掌握正確距離，因此必須以潛望鏡進行確認。

#### ②後方確認（Baffle Check）
- 升上潛望鏡之前，要先確認後方有無敵潛艦追蹤。
- 為了以聲納偵測潛艦的後方死角，會掉頭進行後方確認，且後方確認的方法不只一種。
- 確認後方之後，會判斷要以幾度航向上浮。

### ③確認威脅與周邊環境

- 上浮至潛望鏡深度，升起搜索用潛望鏡數秒，觀察周圍有無威脅，並確認能見度與波浪等天候狀況。

↓

### ④以 ESM※ 偵測

- 使用 ESM 潛望鏡或搜索用潛望鏡上的 ESM 設備，偵測敵艦發出的雷達波，確認正確方位。
- 透過 ESM 偵獲的目標會命名為 E1。
- 比對資料庫，確認 E1 艦種。
- 由於 E1 與聲納偵獲的 S2 方向一致，因此將目標 S2 視為 E1。

↓

### ⑤下潛準備發動魚雷攻擊

- 判斷 E1 是為保護應該是高價值目標的大聲響目標 S1 的隨伴艦，準備對各個目標各發射 2 枚魚雷。
- 準備誘標，以防遭受反擊。

↓

### ⑥測量與目標的距離

- 為了確認與 S1（可能為高價值目標）、E1（應該是作戰艦的目標）的正確距離與航向，要接近到能以潛望鏡確認目標的距離。

↓

### ⑦以搜索用潛望鏡目視確認目標

- 以潛望鏡尋獲目標。
- 確認艦種後，立刻讀取潛望鏡上的刻度，然後降下潛望鏡。
- 依艦種諸元與刻度數值算出距離。
- 目標 S1 與 E1 經過前述方法與潛望鏡目視確認後，將名稱變更

為透過多種方式確認的 Master 或 Microphone（M），分別命名
為高價值目標 M1 與作戰艦 M2。

↓

### ⑧準備發射魚雷

● 射控人員透過資訊處理裝置算出目標距離、航向、航速的估計
值，決定發射方式與導引方式，並向艦長報告。

↓

### ⑨以潛望鏡確認目標並瞄準發射

● 升上搜索用潛望鏡目視確認高價值目標 M1，確認其方位。
● 對魚雷輸入諸元，按下發射鍵，將魚雷發射出去。
● 以訊號確認魚雷導線是否與潛艦正常連接。
● 對具有威脅性的作戰艦 M2 以相同程序發射魚雷，然後降下潛望
鏡。

↓

### ⑩確認周邊狀況與目標動靜

● 上浮至潛望鏡深度，升起搜索用潛望鏡，確認周圍敵情變化。
● 目視確認高價值目標 M1，確認方位以及目標是否有改變航向的
徵兆。
● 對作戰艦 M2 採取相同確認程序，然後降下潛望鏡。

↓

### ⑪導引魚雷

● 對於射向目標的魚雷，要配合目標距離選擇高速模式或低速模
式。
● 收到魚雷進入目標區的訊號。
● 收到魚雷接近目標的訊號。

● 將導引訊號線自魚雷管切離。

↓

### ⑫迴避行動

● 改變航向開始潛航。
● 以聲納確認魚雷命中的爆炸聲。
● 以聲納確認其他敵艦的動向。
● 繼續從事下一個戰術行動。

※ESM：Electronic Support Measures

維吉尼亞級核動力潛艦發射魚雷的想像圖。魚雷形狀並非現用型號

插圖提供／美國海軍

　　美國的魚叉（Harpoon）、法國的飛魚（Exocet）、俄羅斯的俱樂部（Klub）都是可以從潛艦發射的反艦飛彈。它們原本是設計成從水面艦發射的反艦飛彈，但也有能自水下潛艦魚雷管發射的構型。飛彈會收納在尺寸等同魚雷的容器內，自魚雷管以壓縮空氣射出。容器前端冒出海面後，反艦飛彈就會自容器內點火發射。飛彈飛離海面後，會持續上升一段時間，飛至一定高度以延伸射程。接近目標後，飛彈則會降低高度，目的是為了以低空飛行躲避敵艦雷達偵測。更接近目標時會再度拉升，並以紅外線或電波鎖定目標。目標鎖定後，會再次回到貼近海面的高度飛行（掠海），並且衝向目標。

　　在射程方面，各型均超過 100 公里，但潛艦對於距離 100 公里以上的目標卻無法靠聲納或 ESM 進行方位偵測。有鑑於此，相對於目標的正確距離，必須靠飛行中的飛彈以主動雷達歸向（ARH※）進行測量。另外，由於飛彈無法與潛艦通聯，因此也無法從潛艦進行導引。

　　由於飛彈的主動雷達歸向會對較大回波起反應，因此若目標附近有其他艦艇、民間船舶、島嶼等物體，就有可能錯過原本目標而命中其他地方。另外，飛彈也可能被對手的防空系統攔截，因此對於沒有防空艦隨伴、防空能力較低的大型艦船方而比較有效。

---

※Active Radar Homing。飛彈的導引方式之一，飛彈本身會對目標照射雷達波。

自海中飛出的 UGM-84 魚叉飛彈。潛射型稱為 Sub Harpoon　　圖／美國海軍

## 圖　俄羅斯「俱樂部」反艦飛彈的機動

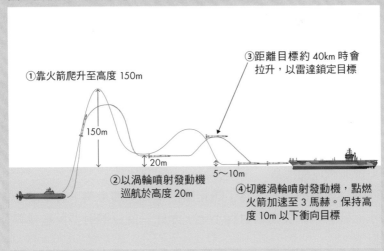

①靠火箭爬升至高度 150m

150m

③距離目標約 40km 時會拉升，以雷達鎖定目標

20m

②以渦輪噴射發動機巡航於高度 20m

5～10m

④切離渦輪噴射發動機，點燃火箭加速至 3 馬赫。保持高度 10m 以下衝向目標

# 反水面戰⑤
## ～水面艦的反潛飛彈

　　雖然潛艦在以魚雷互戰時具有優勢，但若水面艦配備反潛飛彈，狀況就會不同了。反潛飛彈是以魚雷作為彈頭的火箭兵器，有時也稱反潛火箭。

　　例如中國海軍的 054 型飛彈護衛艦，就有配備射程 30 公里的長纓 3 型（CY-3）。韓國海軍則在研製搭載於驅逐艦垂直發射系統（VLS）的紅鯊反潛飛彈（K-ASROC），射程預定為 10 公里。海上自衛隊的護衛艦也有配備射程 11 公里的阿斯洛克反潛火箭（ASROC[※]），自秋月型護衛艦開始則會搭載射程更長的 07 式垂直發射魚雷投射火箭。

　　由於反潛飛彈是從甲板上的專用發射箱或 VLS 發射至空中，因此潛艦難以偵測其發射聲響。

　　發射後會飛行 10 公里以上，然後打開降落傘減速落下，觸水後切離火箭段，僅以魚雷前去追擊潛艦。由於魚雷是落在距離潛艦相當近的位置，因此對潛艦而言反應時間極短，相當危險。即便潛艦採取迴避行動，魚雷也會以節約燃料的方式讓射程進一步延長。

　　潛艦在對付這種近距離接近的魚雷時，會陸續發射音響誘標或音響增幅裝置等欺瞞手段，一邊設法誘爆魚雷，一邊逃離現場。由於舊型魚雷的感測器性能較差，因此潛艦還能採取螺旋形緊急潛航來進行迴避，但最近的魚雷性能有所提升，這類劇烈機動已不見得能夠成功閃避。

　　遭到攻擊的潛艦，為了防止反潛飛彈陸續來襲，必須設法攻擊水面艦。但由於魚雷射程不足，因此只能以潛射型反艦飛彈進行反擊。

※Anti Submarine ROCket

自護衛艦的垂直發射系統（VLS）發射的阿斯洛克。它會飛行 11 公里左右，入水後再繼續追擊潛艦　　　圖／海上自衛隊

**圖　以阿斯洛克攻擊潛艦**

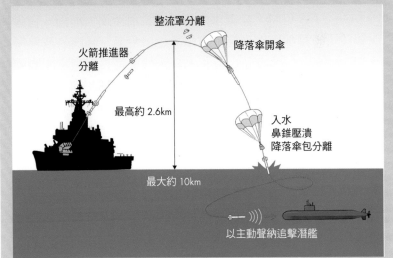

整流罩分離

降落傘開傘

火箭推進器分離

最高約 2.6km

入水
鼻錐壓潰
降落傘包分離

最大約 10km

以主動聲納追擊潛艦

# 反水面戰 6
## ～迴避深水炸彈

　　水面艦對潛艦發動攻擊的手段，除了魚雷之外還有深水炸彈。深水炸彈是一種自水面艦艦艉投下的炸彈，英文稱作 Depth Charge。深水炸彈大多配備於負責近岸巡邏的小型艦艇，先進國家的水面艦多半已經淘汰，屬於舊型兵器。

　　潛艦若於坐底狀態遭受深水炸彈攻擊將會相當致命，因此若發現水面艦，就得趕緊判斷「該艦種是否有配備深水炸彈」，於深水炸彈投下前以魚雷將之擊沉。

　　深水炸彈在投下之前會配合潛艦所在位置設定爆炸深度，但若要對潛艦造成損傷，則得投至其正上方或相當接近的位置才行。

　　深水炸彈也是一種普遍的空投反潛兵器，海上自衛隊的 P-3C 反潛機是以反潛炸彈為名稱進行運用，其他各國的反潛直升機大多也可掛載。

　　深水炸彈還能透過發射器進行投射，稱為刺蝟砲（Hedgehog），可將大量深水炸彈迅速投射至遠方海面。它會利用火藥或火箭投射，過去海上自衛隊也曾配備一種稱為波佛斯反潛火箭（Bofors Anti Submarine Rockets）的火箭投射型深水炸彈。西方陣營各國大多已經除役，不過以 12 聯裝發射器發射 25 公斤彈頭火箭彈的俄製 RBU-6000 依舊配備於俄羅斯與印度的巡防艦、驅逐艦，在不少國家仍為現役。

　　波佛斯反潛火箭的射程為 3.6 公里，RBU-6000 的最大射程為 5.8 公里，若潛艦開始遭到攻擊，就得設法逃離這樣的範圍。雖說如此，在面對潛艦時，水面艦應該也不會冒著危險繼續窮追。有鑑於此，潛艦便會暫時遠離該海域，等待下一次發動攻擊的機會來臨。

俄羅斯海軍的 RBU-6000 反潛火箭砲。射程 5.8 公里、最大深度 500 公尺。
在亞洲有印度、越南、印尼的艦艇會配備　　　　　　　　圖／俄羅斯海軍

掛載於英國海軍直升機的 Mk11 深水炸彈，可於水下產生半徑約 27 公斤的
爆震波，藉此毀傷潛艦。圖為訓練彈　　　　　　　　　　圖／柿谷哲也

# 反水面戰❼
## 〜水面艦的欺瞞手段

　　艦艇的噪音主要包括主機與機械等發出的機械噪音，以及海水流過艦艇聲納、俥葉、舭龍骨、減搖鰭等艦體構造時產生的流體噪音。其中又以機械噪音聲響較大，因此對於潛艦而言，主要會以分析機械噪音的方式作為判斷艦型的依據。

　　水面艦為了防止噪音被潛艦偵測，會以 Masker 或 Prairie 氣泡阻隔噪音。這些氣泡會從無數小孔施放，Masker 位於水面艦船身，Prairie 則開於俥葉，氣泡會在遠離艦體後破裂，藉此掩蓋艦體機械噪音與流體噪音，以及俥葉翼端產生的空蝕現象噪音。這樣的聲音從潛艦聲納聽起來就像是下雨的聲音。

　　水面艦為了閃避接近而來的魚雷，會從艦艉施放拖曳式音響魚雷反制器（torpedo decoy）。這種反制器可以在遠離艦體之處發出巨大噪音，藉此吸引魚雷。另有一種會產生磁力的反制器，可於水面艦後方遠處製造巨大磁場，讓魚雷產生誤判。美國海軍的水面艦與海上自衛隊的護衛艦會配備 SLQ-25 水妖（Nixie）拖曳式魚雷反制器，秋月型護衛艦則有配備稱為「曳航具 4 型」的音響魚雷反制器。

　　除此之外，秋月型還能發射一種自走式誘標（MOD[※1]），可於遠方進行魚雷反制。另外還有一種可投射至最大一公里遠處的投射型靜止式干擾彈（FAJ[※2]），發聲體以降落傘著水後會讓浮囊充氣，使之漂浮於海面吸引魚雷。對於潛艦而言，為了不被這些反制措施欺騙，會一邊以聲納確認目標，一邊靠有線方式導控魚雷。

※1 編註：MObile Decoy
※2 編註：Floating Acoustic Jammer

自尼米茲號核動力航艦艦艉施放的 SLQ-25 水妖式魚雷反制器，它會發出類似艦體噪音的聲響，藉此吸引魚雷

圖／美國海軍

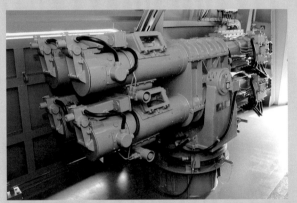

秋月型護衛艦搭載的自走式誘標（MOD）發射器。誘標會以壓縮空氣發射，在遠離本艦之處發出聲響，致使魚雷偏離航向

圖／柿谷哲也

秋月型搭載的投射型靜止式干擾彈（FAJ）。FAJ會被投射至遠離艦體之處，著水後可長時間漂浮於海面並發出聲響，藉此吸引潛艦

圖／柿谷哲也

# 反水面戰❽
## ～直升機驅逐艦（1）

　　直升機驅逐艦（DDH[※1]）對於潛艦而言是一大威脅，因為它是一種能夠搭載多架反潛直升機，連續執行反潛作戰的水面艦。

　　如果只有一架反潛直升機，為了補給燃油或交接值勤乘員，就必須暫時返回母艦，此時潛艦可能就會離開搜索區，就此失去蹤跡。但若有 DDH 參與，便能派出多架反潛直升機輪番上陣，連續執行反潛巡邏。除此之外，魚雷攻擊與深水炸彈攻擊也必須連續發動，因此會同時運用多架反潛直升機。

　　海上自衛隊的日向級直升機護衛艦可搭載 11 架左右的 SH-60J ／ K 反潛直升機，在部份反潛直升機持續偵監敵潛艦的同時，掛載魚雷的其他反潛直升機也會起飛，維持隨時能對潛艦發動攻擊的態勢。這種作戰模式可以持續數小時甚至數日，將潛艦逼到死角，限制其行動。

　　以往的通用護衛艦或驅逐艦（DD[※2]）、飛彈護衛艦或飛彈驅逐艦（DDG[※3]）雖然也能搭載一至二架反潛直升機，但卻難以連續執行長時間反潛作戰，且必須由多艘水面艦組成艦隊才能有效運用。擁有 DDH 的國家並不多，擁有航艦的國家則會在航艦上搭載多架反潛直升機以從事反潛作戰。解放軍海軍的水面艦可搭載 Ka28、Z-9C 等反潛直升機，也有運用從運輸型進化為反潛型的 Z-8 直升機。

　　對潛艦而言，必須想辦法盡快找出搭載反潛直升機的母艦，並透過聲納或潛望鏡確認艦型與艦載機種類、數量等。

※1 編註：Helicopter-Carrying Destroyer
※2 編註：Destroyer
※3 編註：Guided-Missile Destroyer

飛行甲板上停放三架 SH-60J 的伊勢號護衛艦（DDH-182）。它最大可搭載
11 架，連續執行反潛巡邏與攻擊　　　　　　　　　　圖／柿谷哲也

解放軍海軍的 052C 型驅逐艦海口號（DDG-171）搭載的 Z-9C 反潛直升機，
雖未配備反潛聲納，但卻能掛載二枚射程 10km 的 Yu-7 魚雷　　圖／柿谷哲也

　　直升機搭載艦上的反潛直升機，會配備偵測潛艦用的聲納浮標、吊放式聲納、磁異偵測器、ESM、攝影機等設備。聲納浮標會浮於海面，垂下作為偵測用途的筒狀水下麥克風。位於反潛直升機機身側面的聲納浮標發射器，會以一定間隔距離依序投下多具被動式 DIFAR[※1] 聲納浮標，藉此製造潛艦包圍網（Sonobuoy Barrier）。聲納浮標一旦偵測到潛艦發出的低頻聲波，便會進行分析、記錄，並將資料回傳至空中的反潛直升機。若潛艦有所動作，便會陸續觸動聲納浮標網，以此能夠大致掌握潛艦所在位置。

　　如果要進一步提高準確度，則會在 DIFAR 聲納浮標周圍投下多具主動式 DICASS[※2] 聲納浮標。DICASS 聲納浮標可由機上控制脈衝種類、發訊間隔，藉此算出潛艦位置、航向、航速、座標。除此之外，直升機還可自機腹垂直吊放主動式聲納，入水之後會發出聲波進行偵測。由於此時直升機與聲納之間的纜線會承受很大張力，因此飛行員必須一邊留意張力，一邊操控直升機懸停，技術水準要求相當高。

　　除此之外，還有一種稱作 MAD[※3] 的磁異偵測器，可在海面上空向後垂放。地球可說是個巨大的磁鐵，而像潛艦這種大小的金屬物體則會稍微擾動磁場，磁異偵測器便能透過這種擾動找出潛艦位置。移動中的潛艦比較會擾動磁場，容易遭到偵獲，但若潛艦呈靜止狀態，就必須與事前蒐集的磁力線資料進行比對才有辦法找到它。

　　如果潛艦有配備潛射型防空飛彈，則能標定使用主動聲納的反潛直升機概略位置，對其實施防空攻擊。

※1 DIFAR：DIrectional Frequency Analysis and Recording（定向輔助測距）
※2 DICASS：DIrectional Command Activated Sonobuoy System（定向指揮探信聲納浮標系統）
※3 MAD：Magnetic Anomaly Detector（磁異偵測器）

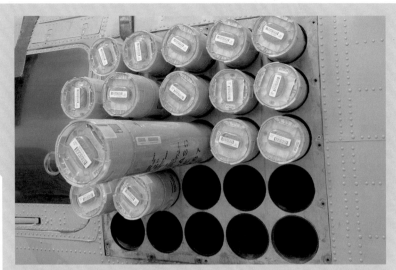

搭載於 SH-60F 的 DICASS 聲納浮標，此為主動偵潛型。土黃色筒狀容器會留在發射器內，僅將裡面的裝置投射至海面　　　圖／柿谷哲也

正在吊放 AQS-13 聲納的 SH-60F，聲納蒐集到的資料會記錄於機內的任務磁帶記錄器，也可以回傳至母艦　　　圖／美國海軍

# 坐沉海底的「坐底」
## ～用以埋伏或避敵的戰術

　　潛艦於水下停止時，若浮力與重力達到中和，便會呈現懸浮於水下的狀態。若對負櫃充入海水，潛艦則會進一步往下沉，最後坐沉於海底，此狀態稱為「坐底」（bottoming）。

　　坐底時，必須考量到潛艦性能上的安全深度，海底地質也必須是柔軟的砂地，並且是沒有起伏的平坦地形。由於坐底之際會將海底的泥沙揚起，因此位於船底開口的閥門必須關閉。除此之外，平衡水櫃也必須平均充水，以避免讓俥葉先行觸底，並維持左右水平姿態，防止艦體側面的聲納陣列受損。

　　潛艦坐底的戰術目的之一，是為了進行埋伏。坐底能減低艦內能量消耗，並將自艦噪音降至最低，以待敵艦艇上鉤。除此之外，此時潛艦也能對周邊海域艦艇進行精密偵測。另一項目的則是躲避對手偵測，敵艦艇與反潛直升機的主動聲納音波若被海底反射，就會失去偵測效果。

　　潛艦用的海圖與水面艦用的海圖不同，海圖上會標註地形是否適合坐底，屬於作戰機密。另外，以潛艦事故作為想定的乘員救難訓練，也會在潛艦坐底狀態下進行。

　　日本海上自衛隊的蒼龍級、大鯨級等新型潛艦與德國的212型潛艦、澳洲的柯林斯級等，都是採用 X 字型尾舵設計，與以往的十字型尾舵相比，坐底之際比較可以避免海底礁岩碰傷尾舵。

於海底坐底時，比起十字型尾舵潛艦，採用 X 字型尾舵設計的潛艦較不必擔心被碰傷。圖為澳洲海軍的柯林斯級潛艦。水下排水量 3,407 噸，全長 77.42 公尺　　　　　　　　　　　　　　　　　　　　　圖／澳洲海軍

於電子海圖台上攤開紙本海圖進行規劃的磯潮號官兵。海圖上會標註海底地形與地質，藉此判斷是否可以坐底　　　　　　　　　　　　圖／柿谷哲也

# 一般不會潛航太深
## ～特別是偵巡任務，會在淺深度航行

　　潛艦一般給人的印象多會是「一直深潛於水下，靠聲納從事偵測活動」，但其實它們多半會潛航於較淺的潛望鏡深度。特別是執行偵巡、警戒、監視任務時，必須要能隨時從帆罩升上潛望鏡確認四周，或伸出無線電定向儀（DF 天線 ※）截收水面艦發出的訊號。

　　若潛艦處於較深海底，在上浮至潛望鏡深度的這段期間，目標水面艦可能早已駛離，根本無法偵獲像樣的情報。因此潛艦會潛航於深度較淺，以聲納偵測機械噪音，並不斷重複將潛望鏡與感測器桅杆升上、降下海面的動作。

　　特別是碰到暴風雨等惡劣天候時，由於水面艦很難監看海面，反潛直升機也無法起飛，因此對潛艦而言是個好時機。即便將潛望鏡或感測器升上海面，濤濤白浪也會掩蓋航跡，潛望鏡可隱藏於洶湧波濤當中。

　　由於潛艦在潛航狀態無法取得作戰上必須知悉的天氣資訊，因此也得將衛星通訊天線短時間升上海面接收氣象資訊，並分析預報，將之反映於往後行動。

　　雖然要在夜間靠潛望鏡識別水面艦相當困難，但由於潛望鏡備有紅外線攝影機，因此還是有辦法看出艦種，甚至連艦號都有辦法辨識。夜間水面艦也很難發現潛艦，因此可以伸出衛星天線與指揮部進行衛星通訊，或是施放天線浮標。若要在水下啟動柴油主機，也能升起呼吸管。基於這些理由，潛艦多半會潛航於靠近海面的較淺區域。

※DF：Direction Finding

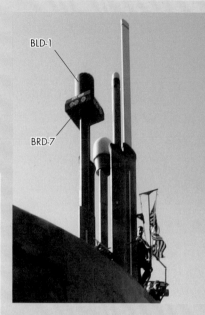

BLD-1 ASTECS（潛艦先進戰術 ESM 戰鬥系統）的無線電定向儀（DF 天線）BLD-1（左側桅杆的圓筒部位）與 BRD-7（箱形部位）

圖／美國海軍

自帆罩頂端垂下浮標天線 OE-315 的洛杉磯級。於淺深度施放纜線後，末端的浮標就會浮上海面，以 10Hz ～ 400MHz 頻段進行資料傳輸及語音通訊

圖／美國海軍

# 空中威脅❶
## 〜聲納浮標

　　潛艦的威脅來自空中偵測，偵測方式包括聲納浮標、吊放式聲納、磁性偵測這三種。聲納浮標會從反潛機投入海中蒐集潛艦聲響，並將資訊以無線電回傳至飛機。日本海上自衛隊與美國海軍使用的 DIFAR 聲納浮標屬於不會自行發出聲波的被動式浮標，透過指向性音鼓與羅經測定潛艦方位。反潛機將以一定間隔距離接連投下 DIFAR 聲納浮標，構成聲納浮標潛艦包圍網。若潛艦有移動，便會陸續觸動聲納浮標，藉此標定潛艦概略位置。

　　若要測出更正確的位置，則須投下會發出聲波的主動式聲納浮標。DICASS 聲納浮標可在飛機上控制脈衝種類與發訊間隔，藉此推算潛艦的位置與航向、航速，提高定位資訊精準度。由於 DICASS 聲納浮標會發出聲波，因此潛艦也會感知到聲納，察覺自己正被追蹤，因而選擇逃離現場或躲藏起來避風頭。

　　反潛直升機的機腹裝有可以吊放至水下的聲納，吊放式聲納是一種將送／受波器或受波器吊放至水下使用的主動式聲納，海上自衛隊的 SH-60J 海鷹直升機使用 HQS-103，SH-60K 則使用 HQS-104。直升機以懸停狀態吊放聲納，聲納會在水下向側面展開有如汽車雨刷般的受信部，筒狀送信部則向下方延伸。主動式聲納可精確測得潛艦的所在位置。

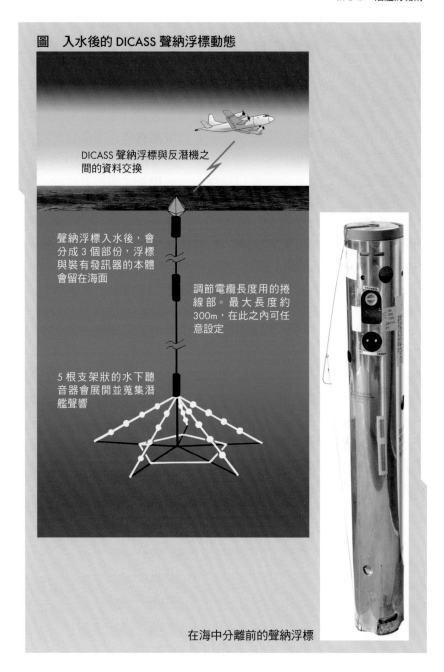

**圖　入水後的 DICASS 聲納浮標動態**

DICASS 聲納浮標與反潛機之
間的資料交換

聲納浮標入水後，會
分成 3 個部份，浮標
與裝有發訊器的本體
會留在海面

調節電纜長度用的捲
線部。最大長度約
300m，在此之內可任
意設定

5 根支架狀的水下聽
音器會展開並蒐集潛
艦聲響

在海中分離前的聲納浮標

101

# 空中威脅❷
～防空飛彈

對於潛艦而言，最大的威脅就是飛在天上的定翼反潛機與反潛直升機。在反潛直升機能力增強的 1970 年代，自潛艦發射的防空飛彈也曾投入實用[1]。

英國海軍的艾尼亞斯號（HMS *Aeneas*, P427）潛艦曾測試搭載由英國維克斯公司（Vickers）研製的吹箭式（Blowpipe）防空飛彈，成功自潛望鏡深度發射。以色列的海浪級（*Gal* class）潛艦也曾實際搭載過，但運用上卻很困難，很快就將其卸除。至於俄羅斯的基洛級等潛艦，會配備上浮後發射的 9K34 携行式防空飛彈。

德國的迪爾防務公司（Diehl Defence）有研製一款潛射型防空飛彈 IDAS[2]，在直徑與魚雷相同的容器內可裝入 4 枚 IDAS 飛彈，自魚雷管發射後，先於水下進行慣性航行。點燃火箭馬達後，飛彈會上升並飛出水面。飛行時，飛彈會以紅外線尋標頭偵測附近熱源並進行追蹤。飛彈尾端也有光纖訊號線與潛艦相連，可於艦內確認紅外線尋標頭攝得的影像，對飛彈進行手動導引。最大射程約 20 公里。

IDAS 體積雖小，但卻能以相同導引方式轉用為反艦飛彈，若對小型船艇發動攻擊，仍足以造成致命損傷。IDAS 曾於 212A 型潛艦進行測試，除了德國之外，挪威與土耳其也預定引進。

以前潛航中的潛艦並無對付反潛直升機的手段，但若直升機吊放主動式聲納並且發出聲波，潛艦便能找出敵方反潛直升機的懸停位置，自水下發射防空飛彈加以攻擊。

---

※1 編註：潛射防空飛彈原文全稱 Submarine-Launched Airflight Missile（SLAM）
※2 IDAS：Interactive Defense and Attack System for submarines

可搭載潛射型防空飛彈的德國海軍 212A 型潛艦。水下排水量 1,830 噸，全長 57 公尺。德國擁有 6 艘，義大利有 4 艘　　　　　　　　　　　圖／德國海軍

可自潛艦魚雷管發射的 IDAS 防空飛彈。以光纖導引時射程約 20 公里

圖／Swadim

　　自陸上航空基地起飛前來偵測潛艦的定翼反潛機，對於潛艦而言相當具有威脅性。包括臺灣在內，許多國家都有採用的 P-3C 反潛機，在 DIFAR、DICASS 等聲納浮標，以及魚雷、深水炸彈的搭載數量上，都是反潛直升機所無法比擬的。除此之外，它的續航能力也比較強，單靠一架便能在廣大範圍內進行長時間搜索，並連續發動攻擊。據說只要有一架 P-3C，就能包下數百平方公里海域範圍的反潛偵巡工作。它的通訊能力也很強，可將偵獲敵潛艦的資訊以資料鏈傳送至友軍艦船。定翼反潛機所配備之 ESM、監視攝影機、MAD、資訊處理器的性能大多也會比反潛直升機要來得高。

　　定翼反潛機會在廣闊海域撒下數十具聲納浮標，並在高度一萬英尺以上的高空盤旋數小時，等待敵潛艦觸動聲納浮標。為了偵測潛艦發出的雷達電波，ESM 也會常時作動。一旦聲納浮標或 ESM 有了反應，就會降至貼近海面的超低空，利用 MAD 或主動式聲納浮標定出更精確的位置，並將潛艦逼入能以魚雷發動攻擊的範圍。

　　大多數潛艦都對定翼反潛機束手無策；雖然也有部份潛艦配備防空飛彈，但僅對處於懸停狀態、正在吊放聲納的直升機有效，難以掌握於廣闊範圍高速飛行的定翼機位置。即便相信飛彈的歸向性能而將之發射，定翼反潛機也會撒佈大量火焰彈以進行飛彈防禦，讓飛彈失去準頭。

　　若潛艦察覺上空有定翼反潛機，就不會伸出 ESM 或雷達等會發出電波的裝置，也不會升起呼吸管或潛望鏡，以防被定翼反潛機的高性能感測器或攝影機發現，將完全處於「被壓制」的狀態。

包括臺灣空軍與海上自衛隊在內，P-3C 反潛機被世界 20 個國家採用。機腹前段的武器艙內可掛載魚雷或深水炸彈、水雷，機翼下方則能掛載反艦飛彈、深水炸彈、水雷。機腹後段備有聲納浮標投射器　　圖／柿谷哲也

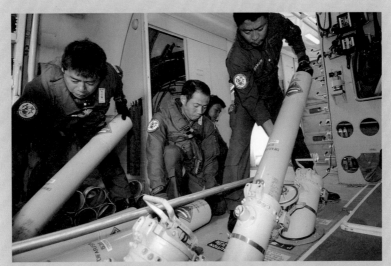

聲納浮標除了從機外塞入投射器，也能自機內裝填，並由機組員以手動方式投下　　圖／柿谷哲也

# 空中威脅❹
## ～以 ESM 賭命決勝負

　　潛艦經過一定時間之後，必須得要將衛星天線或呼吸管伸出水面。此時在空中虎視眈眈的定翼反潛機或反潛直升機，就會利用反水面雷達伺機偵測突出海面的桅杆類。特別是 P-3C 反潛機或 SH-60 反潛直升機配備的反水面雷達性能特別優異，不僅可濾除海面的雜波反射，還能識別小型物體。紅外線偵測系統在夜間也能顯現海面物體的高清晰影像，因此潛艦即便於夜間也無法恣意升上桅杆或呼吸管。

　　有鑑於此，潛艦將桅杆等裝備升上海面之前，會先讓 ESM 桅杆快閃伸出海面，瞬時偵測周遭有無雷達波，以及空中有無反潛機。潛艦的 ESM 桅杆屬於一種不會發出任何電波的被動裝置，只要伸出海面數秒，便能掌握周圍電波狀況。若無偵獲相關電波，便能升上天線、呼吸管，以及搜索攻擊目標用的平面搜索雷達。

　　然而，反潛機此時也有可能會反加利用這點，故意不開啟反水面雷達，僅透過機上的 ESM 接收器偵測潛艦發出的雷達波。如此這般，潛艦與反潛機雙方都會利用 ESM 賭命決勝負，一旦失敗就有可能造成致命危險。美國海軍的潛艦部隊會編制空勤人員出身的軍官，反潛機部隊也會有潛艦出身的隊員。透過這種配置熟知對方戰術與思維專家的方式，可在雙方鬥智時提供不少參考。

　　另外，一如前述，潛艦為了避免遭遇反潛機，會在接收天氣圖之後，選擇在飛機無法飛行的惡劣天候時採取行動。

紅外線攝影機

位於浦項基地的韓國海軍 P-3C。左側 909 號機打開機鼻雷達罩,紅外線攝影機正在維修。右側 902 號機的紅外線攝影機則處於伸出機外的狀態

圖／柿谷哲也

美國海軍 P-3C(AIP)的感測器監看席,以搖桿操作機首紅外線攝影機

圖／柿谷哲也

# 潛艦對戰潛艦❶
## ～過去僅有一例的罕見狀況

　　潛艦的任務之一，是監視敵潛艦的行動。潛艦會在艦隊前方遠處偵巡，以防敵潛艦構成威脅，或保護戰略型核動力潛艦不受敵方潛艦侵擾。雖然潛艦對於水面艦而言具有壓倒性優勢，但正如「潛艦的威脅來自於潛艦」這句話所言，敵潛艦是個相當難纏的對手。

　　歷史上僅發生過一次雙方潛艦在潛航狀態下相互對戰的案例；1945 年 2 月 9 日，在靠近挪威卑爾根的北海海域，英國海軍潛艦冒險者號（HMS *Venturer*, P38）透過聲納與潛望鏡偵獲伸出呼吸管潛航的德國海軍 U-864。冒險者號發射 4 枚魚雷，其中 1 枚命中目標並將之擊沉。由於 U-864 並無生還者，因此無法得知 U-864 的艦長是否知道自己已被偵獲，但戰後依據冒險者號官兵的筆記所述，冒險者號當時追蹤 U-864 長達二個小時，觀察這段期間的動向，「U 艇並不知道自己已被跟蹤」。

　　另外，這艘 U-864 上搭乘著日本海軍的大和忠雄技師與三菱商事的中井敏夫技師，以及 Me163 與 Me262 戰鬥機的資料、飛彈系統與噴射發動機的零件，還有水銀 65 噸，正將其運送前往日本。

　　雖然冒險者號是以潛航狀態進行偵巡，但相對於動態偵巡，可坐沉於海底以守株待兔的方式進行靜態偵監才是潛艦最大的強項。現代潛艦可長時間坐沉海底，會於敵潛艦可能通過的海域坐底埋伏。在日本周邊海域，日美潛艦會在海峽附近監視中國與俄羅斯的潛艦，荷姆茲海峽應該也有伊朗潛艦坐底監視進出波斯灣的艦船。

英國海軍潛艦冒險者號。浮航狀態的潛艦遭擊沉的案例還不少，但史上僅有冒險者號曾經擊沉潛航狀態的敵潛艦　　　　　　　　　圖／英國海軍

1939 年 10 月，德國海軍的 U-47 潛艦在奇襲斯卡帕灣之際，曾坐沉海底等待攻擊機會，成功擊沉英國海軍戰艦皇家橡樹號（HMS *Royal Oak*，滿載排水量 33,500 噸）。圖為皇家橡樹號（上）與 U-47

# 潛艦對戰潛艦❷
## ～咬住敵潛艦的尾巴

　　即便潛艦能以聲納與潛望鏡掌握水面艦位置，想要得知潛航狀態的敵潛艦位於何處卻絕非易事。雖然聲納可以測出敵艦所在方位，但距離卻不能單只靠聲音強弱來判定。另外，在光線無法穿透的水下環境，潛望鏡也派不上用場。某潛艦艦長曾如此形容：「這就像是一位武士在全黑的房間裡拔出刀劍，僅憑聲響等待出招時機」。

　　潛航中的潛艦若要相互交戰，就只能以魚雷進行攻擊。攻擊時必須設法繞至敵潛艦背後，從敵潛艦的聲納死角盲區發動攻擊。當然，對手潛艦也深知這個道理，因此潛艦會不時調頭反轉，以聲納偵測後方盲區（Baffle Clearance），以確保自身安全。急遽調頭確認盲區也是一種可讓對方措手不及的戰術；冷戰時期的蘇聯潛艦會採取一種稱為「瘋狂伊凡」（Crazy Ivan）的急調頭動作，在電影《獵殺紅色十月》裡也有出現。由於雙方在看不見對手的狀況下急遽調轉180°，不免會有正面衝撞的危險，因此美國海軍的潛艦官兵才會將這種操作冠以「瘋狂」之名。

　　盲區確認有幾種方法，包括考慮斜溫層（水溫急遽下降的深度），一邊變更深度一邊轉彎的方法，以及不改變深度迴轉360°的方法等。除了盲區確認之外，潛艦也會操作隨機8字運動，或是隨機反覆變更深度，進行一種稱作「傾斜與懸吊」（Angles & Dangles）的機動，對周圍360°進行搜索以偵測敵潛艦。除此之外，還可以放出拖曳聲納陣列，在直線前進時偵測後方潛艦。

## 圖 1　盲區確認示意

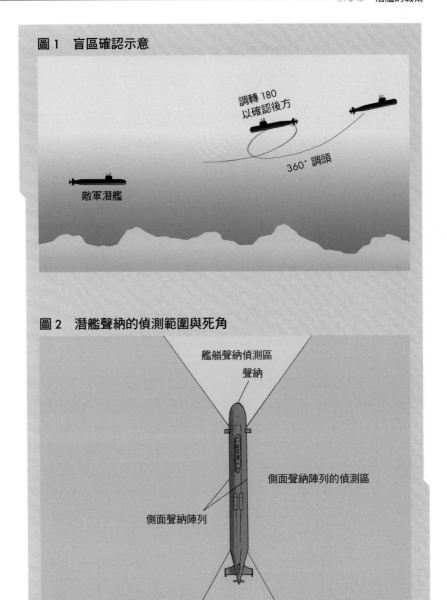

調轉 180
以確認後方

360° 調頭

敵軍潛艦

## 圖 2　潛艦聲納的偵測範圍與死角

艦艇聲納偵測區

聲納

側面聲納陣列的偵測區

側面聲納陣列

聲納死角盲區

# 水下監聽系統（SOSUS）
## ～於海底靜靜調查敵潛艦動向

　　潛艦的敵人並不只有反潛機與敵艦；音響觀測系統可以掌握潛航於海中的潛艦位置，對於潛艦而言，彷彿就像是「雷區」。在大陸棚底或海底山脊上，會設置固定式水下聽音器（Hydrophone），以被動方式蒐集潛艦聲響，並透過電纜傳送至陸地設施進行解析。只要大量設置水下聽音器，就能掌握特定區域的潛艦出入狀況，若將攜帶相關情資的反潛機派往該海域，便能更容易偵獲潛艦。

　　美國海軍研製的水下監聽系統（SOSUS[1]）是一套由連結多具水下聽音器的電纜搭配海軍設施工程指揮部（NAVFAC[2]）的地面設施構成的潛艦偵測系統。冷戰時代，在蘇聯潛艦自基地航向外海的北大西洋、北太平洋航路要衝上有大量設置。至於日本周邊，海上自衛隊在津輕海峽與對馬海峽有鋪設，美國海軍則於宮古海峽等東海要衝設置多處。

　　水下聽音器會由電纜鋪設船進行設置與檢修，海上自衛隊有專用鋪設艦室戶號（ARC-483），美國海軍則由電纜鋪設艦宙斯號（USNS *Zeus*, T-ARC-7）負責。另外，在鋪設艦設置水下聽音器之前，會先派出測量海底用的海洋觀測艦與測量艦對周邊海域進行調查。

　　近年，據信中國也有在東海等處設置類似 SOSUS 的音響觀測系統。海上自衛隊的巡邏機與海上保安廳的巡視船曾發現有中國船舶吊放相關裝置測量海底地形，可能與音響系統設置工作有關。

　　潛艦自基地出港執行任務之際，會攜帶依據事前調查製成的最新海圖，標有水下聽音器相關位置。

---

※1 SOSUS：SOund SUrveillance System
※2 NAVFAC：NAVal FAcilities engineering Command

美國海軍擁有七艘開路者級（*Pathfinder* class）海洋觀測艦，透過持續性海底調查製作高精度海底地形圖。圖為造訪橫濱的該級 1 號艦　　圖／柿谷哲也

圖　SOSUS 示意

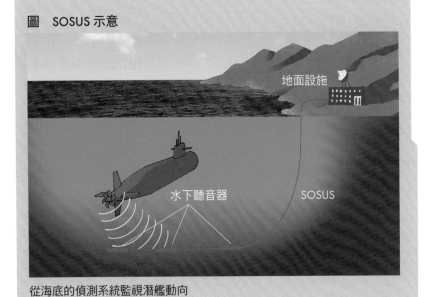

從海底的偵測系統監視潛艦動向

113

# 3-20 音響測定艦
## ～一邊移動一邊偵測、分析潛艦

3-19 介紹的 SOSUS，其設置位置屬於最高機密，但在海溝深處、潛水人員也能潛到的地方、會以底拖網從事捕撈的淺海就不會設置。此外，SOSUS 的水下聽音器也無法任意變換位置。有鑑於此，美國海軍也有研製一套能夠裝設在水面艦上，功能等同於SOSUS 的拖曳式陣列觀測系統（SURTASS[1]）。SURTASS 會從音響測定艦的艦艉放出長達數百公尺的水下聽音器暨環境感測器，以大約 1.5 公里的電纜進行拖曳，被動偵測潛艦聲響。

最新的音響測定艦無瑕號（USNS *Impeccable*, T-AGOS-23）若遇到難以透過被動方式偵測的高靜音性目標潛艦，會自船底吊放低頻主動系統（LFA[2]）聲納，由擴音器發出 100 至 500Hz 的脈衝音訊。如此一來，即便是在聲音容易漫反射的淺海區域，也能盡量抑制偵測性能損耗，找出潛艦位置。舊型的四艘勝利級（*Victorious class*）音響測定艦後來也有加裝輕便版 LFA 的小型低頻主動系統（CLFA[3]）。這五艘音響測定艦全部都以日本的佐世保基地或沖繩的白灘基地（White Beach）為據點，在東海、南海進行相關活動。由於音響測定艦並無武裝，因此會派神盾艦跟在附近，執行 TASS 巡邏（Towed Array Patrol Area, TAPA）任務。

海上自衛隊擁有二艘響級音響測定艦，隸屬吳基地的海洋業務群第 1 音響觀測隊。美、日兩國的音響測定艦為了提高拖曳穩定性，皆採用雙船體的SWATH[4] 船型設計，且為了降低自艦噪音，主機也採用柴油發電式。配備高性能 SURTASS 與 LFA，且能機動遊弋的音響測定艦，對於潛艦而言可說是一大威脅。

※1 SURTASS：SURveillance Towed Array Sonar System
※2 LFA：Low Frequency Active
※3 CLFA：Compact Low Frequency Active
※4 SWATH：Small Waterplane Area Twin Hull

無瑕號音響測定艦，它會以拖曳式陣列觀測系統（SURTASS）與 LFA 系統聲納蒐集潛艦聲紋。圖中可見船底左側吊放出的 LFA 系統聲納

圖／柿谷哲也

無瑕號更換 SURTASS 電纜的情景（岸上滾狀纜線）

圖／柿谷哲也

圖　SURTASS 與 LFA 系統運用示意

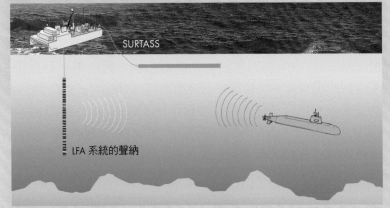

SURTASS

LFA 系統的聲納

若碰到較安靜的敵潛艦，就會讓 LFA 系統的聲納發出脈衝，讓 SURTASS 接收反射音，藉此偵測目標位置

# 3-21 無人飛機・無人潛艇的運用
## ～自潛艦投射

　　現今軍方快速發展的無人機，也有及於潛艦領域。自潛艦投射的無人飛機（UAV[1]，或稱 Drone）與無人潛艇（UUV[2]）已頗有進展，將來勢必能夠應用於各種任務。UUV 可以用來偵測自艦周遭的水雷、在自艦坐底前調查海底地形，或是透過攝影機檢查自艦艦體。另外，針對自艦聲納無法探測的後方區域也能提供輔助，用以偵測敵潛艦，或緊貼潛航中的敵潛艦持續回傳位置資訊，有各式各樣的運用構想。

　　2015 年，Remus 600 潛射型 UUV 曾進行測試。Remus 600 是一款配備側掃聲納、合成孔徑聲納、攝影機等設備，全長 3.25 公尺的 UUV。它是從乾式掛載艙（DDS[3]）透過潛水人員以手動方式放出，回收工作同樣由潛水人員進行，收容於 DDS 內部。海上自衛隊會在掃海艇上配備 Remus 600，用於獵雷工作。

　　能從潛航狀態的潛艦魚雷管或帆罩發射的 UAV，會配備攝影機用於偵察任務。在執行特種作戰時，會先飛往特種部隊預定登陸的地點偵察敵情，在從事反水面戰鬥時則能取代潛望鏡蒐集敵艦情報。自空中拍攝的影像會藉由光纖即時回傳至潛艦控制室。至於 UAV 的回收，可能會讓它先降落海面，再由潛水員打撈，或乾脆做成拋棄式。美國海軍研究實驗室（NRL[4]）曾於 2013 年成功透過洛杉磯級潛艦的垂直發射系統（VLS）執行角魚式（Sea Robin）XFC 潛射型無人機發射測試。角魚 XFC[5] 會收摺成筒狀，以便裝入 VLS 系統，發射至空中後會展開 X 型機翼，以燃料電池飛行長達六小時。

※1 Unmanned Aerial Vehicle
※2 Unmanned Undersea Vehicle
※3 DDS：Dry Deck Shelter
※4 編註：United States Naval Research Laboratory
※5 編註：eXperimental Fuel Cell

正準備吊入水中的 Remus 600 無人載具　　　　　圖／美國海軍

角魚 XFC 無人機的
原型機　圖／NRL

美國海軍研究實驗室研製的角魚 UAV。透過 2013 年公佈的照片，可看出
這款 UAV 的機翼是如何展開的　　　　　　　　圖／美國海軍

# 特種作戰 ❶
## ～從潛艦出發的方法

烏龜號於 1776 年發明時，其目的就是為了執行隱密滲透的特種作戰，因此潛艦可說是從誕生的那一刻起，便與特種作戰緊密相關。從歷史來看，自戰術面確立潛艦特種作戰的是日本海軍。日本海軍曾於夏威夷和雪梨港執行過自伊 16 潛艦放出特殊潛航艇（甲標的）擔任偵察部隊的戰術，類似作法在現代美國海軍也會執行。

在近代史上，不論規模大小，許多國家的海軍都曾組織海軍特種部隊或陸戰隊特種部隊、水下作業部隊，並以潛艦載運這些部隊隱密潛入目的地。甚至還有國家會配備專用小型潛艇，以供特種部隊或敵後工作人員滲透之用。

搭乘潛艦的特種部隊人數一般會有 10 餘人，部隊會於夜間抵達目的地近海，在潛艦完全上浮後自艙口拖出橡皮艇或獨木舟，再划向目標海岸。若使用水肺潛水，則會分為自力游泳或使用水下推進器隱密登岸。若潛艦配備可以注入海水的密封艙（Lockout Chamber），則能以懸浮於潛望鏡深度的狀態在水下讓隊員出發離艦。

除此之外，還有一種方法是讓隊員進入魚雷管內，注入海水後讓潛水員游入海中。據祕魯海軍特種部隊 FOES 隊員表示：「自魚雷管游出時，不僅無法從關閉的發射管內與控制室通訊，也沒有監視攝影機作安全確認」、「隊員無法攜帶太多裝備在身上」，基於這些理由，最近並不常使用這種方法了。

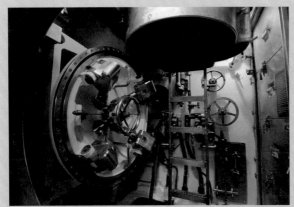

美國海軍維吉尼亞級潛艦的密封艙，艙內注滿海水後，隊員便能打開外艙蓋游出艦外。艙壁上有放置器材用的棚架　圖／柿谷哲也

於水下出艙的特種部隊隊員，正從帆罩內的置物空間取出器材
圖／美國海軍

準備自德國海軍209 型潛艦魚雷管游出的特種部隊隊員
圖／德國海軍

有一種小型水下載具稱為 SDV<sup>※</sup>，用來載運特種部隊從潛艦出擊。由於美國海軍會用它來運送海豹特種部隊（SEAL），因此會稱之為海豹小組輸送載具 SEAL Delivery Vehicle（SDV）。

SDV 以鋰電池為電源，驅動馬達帶動單軸俥葉，能以低速潛航。它可載運四名隊員，另外二名負責駕駛。艇內並無水密性，座位是泡在海水中。艇體正面備有迴避障礙物用的聲納，駕駛座僅有簡易操縱裝置，以手動方式控制水櫃、配平、舵翼，另備有導航裝置與各人員用的供氧設備。

SDV 會在滿月前後的晴朗夜間運用，基本條件為海水透明度自水面往下 3 公尺、潮差 60 公分以內、退潮水深 2.5 公尺以上、潮流 2.5 節以內、穿著防寒衣時水溫 10 至 15℃。

SDV 會從設置於潛艦上甲板的乾式掛載艙（DDS）出發，DDS 由 SDV 艇庫、氣密艙構成，透過與潛艦艙蓋連接的氣密艙進出。氣密艙也能透過加減壓來治療受傷的潛水員。

SDV 會置於滑軌上，DDS 充滿水後便向側面打開艙蓋，伸出滑軌並拉出 SDV。若海面波高超過 3 公尺，水下水流也會比較強，就不適合 SDV 出發／收容。相關作業會透過防水攝影機拍攝，由艦內監控。DDS 可搭載於五艘改造版的洛杉磯級、一艘海狼級、維吉尼亞級攻擊型，以及俄亥俄級巡弋飛彈核動力潛艦。

※SDV：Swimmer Delivery Vehicle

俄亥俄級改裝型甲板上的乾式掛載艙（DDS）。內部可用來容納 SDV

圖／Hong Heebun

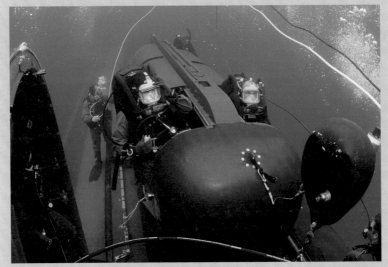

特種部隊自洛杉磯級搭乘 SDV 出發的情景　　　　圖／美國海軍

# 特種作戰❸
## ～特種部隊與潛艦的功能

　　潛艦與特種部隊的行動都是最高機密，兩者搭配的共同作戰即便是在事後也很少會對外公佈。1950 年 9 月，運輸潛艦鱸魚號（USS *Perch*, SSP-313）於韓戰期間載運英國陸軍突擊隊員登陸北韓的端川。該艦於 1965 年 11 月又在越戰期間參與「匕首突刺行動」（Operation Dagger Thrust），運送陸戰隊的偵察部隊登陸。翌年也參與「雙鷹行動」（Operation Double Eagle），載運水下爆破隊執行偵察任務。

　　1967 年 2 月，運輸潛艦鮪魚號（USS *Tunny*, APSS-282）於「五號甲板屋行動」（Operation Deckhouse VI）擔任特種部隊母艦，讓越戰期間的海軍與陸戰隊特種部隊活動才稍微對外曝了光。波灣戰爭時期，海豹部隊曾自攻擊型核動力潛艦約翰·馬紹爾號（USS *John Marshall*, SSN-611）的 DDS 搭乘 SDV 出發執行登陸作戰。

　　特種部隊的任務是在登陸作戰前先到海岸區域從事偵察，或進行敵後工作，包括綁架或暗殺重要人物。潛艦會事先駛入靠近對手國家的港埠，讓另行抵達的特種部隊上艦，有時也會在海面上收容自飛機跳傘入水的隊員。

　　美國陸戰隊的遠征軍直屬偵察部隊（Force Reconnaissance）也是負責在登陸前進行偵察，但活動範圍會從登陸地點擴及至內陸，行動期間也比較長。相對於此，美國海軍的海豹特種部隊則會在登陸作戰前負責處理水雷與爆裂物、偵察敵方勢力、設置感測器或攝影機，完成任務後便立刻脫離海岸，自水下返回潛艦（或登陸艦），任務大多都是快去快回。

　　雖然潛艦在特種作戰中扮演的角色僅是支援海豹部隊，但若沒有潛艦，海豹部隊也就無法順利執行作戰。

人員自 MH-60R 通用直升機透過快速繩下降至洛杉磯級潛艦托雷多號（USS *Toledo*, SSN-769）
　　　　　　　　　　　　　　　　　　　　　圖／美國海軍

甲板上備有 DDS 的俄亥俄級改裝型飛彈潛艦密西根號（USS *Michigan*, SSGN-727），附近特種部隊人員正在水中活動
　　　　　　　　　　　　　　　　　　　　　圖／美國海軍

# 3-25 特種作戰❹
## ～北韓的特種作戰

　　最擅長利用潛艦實施特種作戰的國家應當要算是北韓了，北韓海軍運用的羅密歐級潛艦（水下排水量 1,830 噸）、鯊魚級潛艇（277 噸）、南聯級潛艇（110 噸）、鮭魚級潛艇（123 噸）以及半潛艇，全部都是用來載運軍方或勞動黨作戰部所屬的特種部隊或敵後工作人員（間諜）潛入韓國而配備的載具。至今光是有被發現的案例就超過 20 次，相關人員均成功登陸。

　　其中甚至還有被韓國軍發現並交戰、擄獲的案例。1996 年，韓國江原道江陵市的海岸有艘鯊魚級潛艇以上浮狀態被波浪打上海岸觸礁擱淺，26 名乘員與敵後工作人員放棄潛艇逃至韓國境內。其中 24 人因交戰或自決而死亡，一人遭逮捕、一人失蹤，鯊魚級潛艇則被擄獲。其目的為對韓國境內進行偵察，並回收執行聯絡任務的敵後工作人員。

　　1998 年 6 月，載運四名敵後工作人員的南聯級潛艇於東海岸被漁網纏住，無法航行，敵後工作人員射殺五名艇上乘員之後自決，潛艇則被韓國軍擄獲。該年全羅南道麗水市的近海也出現半潛艇，由韓國空軍戰鬥機與海軍艦艇擊沉，之後打撈上岸。這些案例的失敗原因都出自潛艦過於接近陸地，但由於韓國境內確實有很多北韓敵後工作人員潛伏，可見透過潛艦執行的登陸作戰幾乎都有成功。另外，北韓研製的南聯級潛艇有外銷至越南，鮭魚級潛艇則有賣給伊朗，應該也是用於特種作戰任務。

1996 年 9 月 17 日於韓國東岸的江陵市觸礁擱淺的北韓鯊魚級潛艇,當時正在執行敵後工作人員的滲透任務。水下排水量 277 噸,全長 35.5 公尺
圖／時事通訊

被韓國擄獲的北韓鯊魚級潛艇內部。該艇於靠近案發現場地點公開陳展。圖為敵後工作人員自水下出發前的待命艙　圖／柿谷哲也

敵後工作人員待命艙前方備有讓人員自水下游出艇外的艙蓋
圖／柿谷哲也

韓國擄獲的北韓南聯級潛艇。目前展示於鎮海海軍基地。水下排水量 110 噸,全長 20 公尺　圖／韓國海軍

# 3-26 潛艦的登陸作戰
## ～活躍於特種作戰的黎明期

　　美國海軍在第二次世界大戰後，配備三艘改造自現有潛艦的登陸運輸潛艦（LPSS[1]）。潛艦海獅號（USS *Sealion*, LPSS-315）卸除了魚雷管等所有武裝，改造成供陸戰隊員居住的艙間。上甲板原本設置兩棲裝甲車的收納艙，此艙後來廢除，改成直升機甲板。

　　陸戰隊的偵蒐部隊利用這三艘潛艦，於韓戰、越戰在中南半島等地執行包括非正規作戰在內的偵蒐與特種任務，確立自潛艦執行滲透登陸的任務型態。另外，還有一艘搭載 SSM-N-8A 獅子座（Regulus）巡弋飛彈的飛彈潛艦灰背魚號（USS *Grayback*, LPSS-574），一度除役後，於 1968 年再度復活成為登陸運輸潛艦。位於艦艏的巨大飛彈艙被改造成壓力艙，成為供海豹部隊或陸戰隊偵蒐部隊執行滲透偵蒐、破壞工作的專用潛艦。登陸部隊可以直接透過壓力艙自水下出發，也能在潛艦上浮時自壓力艙拉出突擊橡皮艇（CRRC[2]）出擊。

　　以往潛艦都只能讓隊員透過艙口陸續出艙，比較耗費時間，而在艦艏配備大型壓力艙，便能同時讓多名隊員離艦，算是一種劃時代裝備。這種方式稱作 MSLO[3]，以 MSLO 確立讓海豹部隊自潛艦執行水下滲透作戰的灰背魚號，值得在特種作戰歷史特別記上一筆。

　　自潛艦出發的 SDV 與收容用的 DDS，可說是從登陸運輸潛艦發展而來的戰術運用方式。

※1 **編註**：Amphibious Transport Submarine
※2 CRRC：Combat Rubber Raiding Craft
※3 MSLO：Mass Swimmer Lock-Out

美國海軍的巴勞鱵級潛艦海獅號，於戰後改造成具備直升機甲板的運輸潛艦，執行運送陸戰隊員的任務。水下排水量 2,424 噸，全長 95.2 公尺。1970 年除役　　圖／美國海軍

灰背魚號原本是搭載巡弋飛彈的潛艦，艦艏備有容納獅子座巡弋飛彈的艙室。結束階段性任務後，它被改造成登陸運輸潛艦，於此艙室收納 SDV（參閱 3-23）。水下排水量 2,768 噸，全長 96.8 公尺。1984 年除役

圖／美國海軍

# 對地攻擊
## ～最安全的對地攻擊手段

　　日本海軍研製的伊 400 型潛艦與其搭載的「晴嵐」攻擊機，算是世界首次實用化的潛艦對地攻擊手段。第二次世界大戰期間，雖然晴嵐並無機會實際執行對地攻擊，但戰後美國海軍有將此概念進一步發展，在潛艦上搭載對地攻擊飛彈，時至今日仍有配備用以攻擊陸上基地的巡弋飛彈。

　　美國在波斯灣戰爭以降的作戰，會自海上由潛艦或巡洋艦發射戰斧巡弋飛彈（Tomahawk），攻擊敵軍事據點等主要目標。之所以要在飛機展開對地攻擊（空襲）之前（剛開戰時）攻擊敵方主要基地，是為了讓後續攻擊機與轟炸機更容易發動對地攻擊。

　　實施對地攻擊時，潛艦會上浮全潛望鏡深度，並升起裝有衛星通訊天線的桅杆，自上級指揮部取得地面目標座標等資訊，再以潛航狀態自魚雷管或垂直發射裝置發射戰斧巡弋飛彈。

　　由於潛艦本身就很難被偵測，若在遠洋自水下發射巡弋飛彈，要偵測到飛彈更是不容易。此外，巡弋飛彈還會以低高度進行地貌追沿飛行，且難以被防空雷達捕捉，攔截難度相當高。

　　雖然飛機與水面艦也能發射對地攻擊武器，但行蹤難以掌握的潛艦可說是最安全的攻擊平台。

　　配備巡弋飛彈的潛艦，包括美國海軍的洛杉磯級、維吉尼亞級、海狼級、俄亥俄級的 SSGN 改裝型，以及英國海軍的機敏級、特拉法爾加級（*Trafalgar* class），俄羅斯海軍的 949 型（奧斯卡級）也能搭載 P-700 巡弋飛彈，不過 P-700 並未在實戰中使用過。

## ●戰斧巡弋飛彈

　　UGM-109 戰斧巡弋飛彈（TLAM[※1]）是美國攻擊型潛艦搭載的對地攻擊用飛彈，波斯灣戰爭以降，也曾用於科索沃衝突、蘇丹

洛杉磯級奧克拉荷馬市號（USS *Oklahoma City*, SSN-723）正為 VLS 系統裝填戰斧巡弋飛彈的情景。目前美國海軍是以 VLS 發射，英國海軍則透過魚雷管發射　　　照片提供：美國海軍

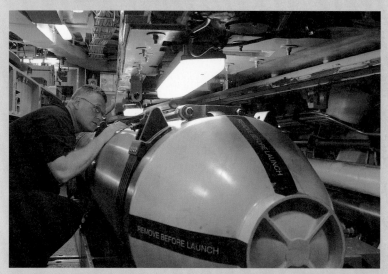

應該是相當於早期型的 UGM-109C Block II 型戰斧飛彈，搭載於洛杉磯級紐波特紐斯號（USS *Newport News*, SSN-750）魚雷艙的情景。攝於 2008 年

照片提供：美國海軍

反恐作戰、阿富汗反恐作戰、伊拉克戰爭。

　　戰斧飛彈會透過壓縮空氣自魚雷管或垂直發射裝置由水下射出，待飛彈飛出海面，便點燃固態燃料火箭助推器。固態燃料火箭助推器僅燃燒數秒，到達一定高度後飛彈會展開彈翅，並開啟進氣口、啟動渦輪扇發動機。

　　戰斧飛彈會以慣性導航方式沿著事先設定好的路徑飛行，或透過 GPS 一邊確認位置一邊飛行。進入陸地之後，導引系統便會啟動地形輪廓比對（TERCOM[※2]）功能，一邊修正一邊飛行。終端導引是採用數位區域景物比對（DSMAC[※3]）系統，讓感測器掃描地面，與事前輸入的景物進行比對並調整航向，在 10 公尺的誤差範圍內命中目標。

　　UGM-109C 戰斧 Block Ⅲ的射程為 1,650 公里，可搭載 454 公斤彈頭。UGM-109D 戰斧的射程為 1,250 公里，搭載 BLU-97（166個次彈械）彈頭。最新型號為 UGM-109E 戰術型戰斧 Block Ⅳ（TACTOM），射程與彈頭和 UGM-109D 相同，但可在飛行途中透過衛星通訊變更目標，具備資料鏈功能。除此之外，它還能以前方監視攝影機拍攝影像回傳至潛艦，但此時潛艦也必須持續將衛星通訊天線伸出海面。為了對付裝甲目標，還有推出配備強化型穿甲彈頭的 UGM-109H。

※1 TLAM：Tomahawk Land-Attack Missile
※2 TERCOM：TERrain COntour Matching
※3 DSMAC：Digital Scene-Matching Area Correlation

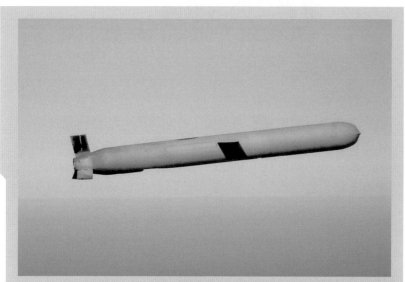

飛行中的戰斧巡弋飛彈。可透過慣性導航、地形輪廓比對、數位區域景物比對、GPS 進行導引，射程約 3,000km　　　　　　　照片提供：美國海軍

自水下的洛杉磯級發射的戰斧巡弋飛彈　　　　　　照片提供：美國海軍

# 潛艦之間的協同
## ～基本上僅「一匹狼」在行動

　　美國海軍攻擊型核動力潛艦的任務之一，是保護航艦打擊群。航艦打擊群是以航空母艦為旗艦，搭配數艘巡洋艦與驅逐艦（皆為神盾艦）、補給艦等構成的艦隊。潛艦為了保護航艦打擊群不受敵潛艦威脅，會在艦隊航路前方遠處偵巡。美國的攻擊型核動力潛艦比照航艦打擊群的其他各型艦船，能以 30 節以上的高速航行。

　　潛艦有時會全程伴隨艦隊執行任務，有時則會脫離航艦艦隊，先抵達艦隊目標海域從事任務。一旦艦隊移動至其他海域，目標海域則會有其他負責的潛艦接手相關任務。

　　那麼，是否有全由潛艦組成的艦隊呢？水面艦採取的戰術，基本上必須與其他水面艦相互協同執行，因為現代戰鬥必須依靠資訊鏈路系統來打仗。然而，由於位在水下的潛艦通訊手段有限，無法使用鏈路與其他艦艇交換大容量資料。有鑑於此，多艘友軍潛艦就無法在同一海域執行協同作戰。如果該海域有多艘敵我潛艦相互交戰，就會產生誤擊友軍的危險。另外，潛艦屬於一種只要有單艘存在，便足以充分威脅對手的武器，因此並不需要讓多艘潛艦在近距離範圍內一起行動。

　　要說例外，則是攻擊型核動力潛艦保護戰略型核動力潛艦的狀況。這是因為戰略型核動力潛艦在執行攸關國家存亡的彈道飛彈攻擊任務時，絕對不能被敵潛艦妨礙。

加入尼米茲號航艦打擊群的攻擊型核潛安納波利斯號（USS *Annapolis*, SSN-760），為了拍照而在波斯灣北部上浮航行　　　　　　　圖／美國海軍

2015 年於海上自衛隊觀艦式組成編隊的（由前至後）瑞龍號（SS-505）、黑龍號（SS-506）、渦潮號（SS-592）
　　　　　　　　　　　　　　　　　　　圖／柿谷哲也

環太平洋多國演習時，會由不同國家的潛艦扮演敵、友軍進行反潛訓練，前起為韓國海軍的張保皐級潛艦李阡號（SS-062）、澳洲海軍的柯林斯級潛艦謝安號（HMAS *Sheean*, SSG 77）、海上自衛隊的春潮級潛艦夏潮號（SS-584）。圖為 2002 年的環太演習
　　　　　　　　　　　圖／柿谷哲也

**133**

# 印度的潛艦
## ～也有研製戰略型核動力潛艦

　　印度擁有中亞規模最大的海軍，用以戒備敵對鄰國巴基斯坦與欲進出印度洋的中國。印度配備三種級別共 16 艘攻擊型潛艦，其中一型是 09710 型（阿庫拉 II 級）核動力潛艦的 3 號艦海豹號（*Nerpa*, K-152）。2012 年，印度自俄羅斯租借該艦 10 年，改名為查克拉號（INS *Chakra*,S71）。該艦配備八門 533 公厘雷管，上浮時可發射 9K38（SA-18）防空飛彈，是艘火力強大的攻擊型核動力潛艦，已於 2021 年 6 月退還俄羅斯。第二型則是海洋吶喊級（*Sindhughosh* class）潛艦，此為俄羅斯 877EKM 型（基洛級）的溫暖海水改良構型，總共配備 7 艘。引進當時因為印度洋的水溫過高，使得主機無法充分冷卻，後來換裝德國製的主電瓶。該級艦配備六門 533 公厘雷管，除了魚雷之外，還能發射 3M-54 Klub（SS-N-27）反艦巡弋飛彈，並有配備 Fasta-4 SAM 系統（9M36M Strela-3（SA-N-8）防空飛彈八枚）。第三型為 4 艘西舒瑪級（*Shishumar* class）潛艦，這是先從德國進口二艘 209 ／ 1500 型，另外二艘則於國內授權生產。209 ／ 1500 型的水下排水量為 1,850 噸，是 209 型系列中最大的構型。其他設計與 209 型基本相同，不過帆罩前方備有緊急逃生艙。

　　在 2009 年之前都從未曝光的則是戰略型核動力潛艦殲敵者級（*Arihant* class），配備由英迪拉·甘地原子能研究中心（Indira Gandhi Centre for Atomic Research, IGCAR）研發、印度國內多家廠商製造的 83MW（111,000 馬力）壓水式（PWR）輕水反應爐。全長 112 公尺、水下排水量約 6,000 噸，配備四具垂直發射器，各容納三枚 K-15 SLBM（射程 1,900 公里）。將來預計會換裝研製中的 K-4 SLBM（射程 3,500 公里）各四枚，1、2 號艦已經服役，3 號艦正在海試，4 號艦正在建造中。

# 第 4 章

# 海上自衛隊的潛艦

海上自衛隊的潛艦配備體系與定位，目前正面臨重大轉換期。不只是裝備的世代交替，還包括配備數量增加、新裝備研製，甚至連潛艦本體外銷的可能性都浮上了檯面。此章要講解海上自衛隊的潛艦配備體系與潛艦運用。

海上自衛隊的蒼龍級潛艦白龍號（SS-503）。2016 年執行日澳共同訓練時自雪梨出港的情形

圖／柿谷哲也

# 4-1 潛艦的引進
～研製潛艦並非易事

　　要取得潛艦並不是一件簡單的事情，潛艦與水面艦不同，不僅通用性較低，且還要考慮「是否能在未來數十年持續發揮功用」、「與周邊國家海軍的裝備相比是否落後」、「是否能夠持續性整備、維持」等因素，必須審慎檢討。一旦決定取得，還得選擇看是要從海外採購或是自行研製。

　　若決定從海外採購，雖然可在短時間內完成配備，但艦體與搭載器材的性能卻多半已經公諸於世，且還有機密情報外洩的風險。因為使用環境不同導致性能無法完全發揮的印度基洛級（俄羅斯），即便授權生產也無法發揮同等性能的韓國214型（德國）都是負面案例。

　　若採國艦國造方式取得，則須花費較多費用與時間。且像澳洲的柯林斯級，造完之後性能卻沒能符合計畫需求，可見研製潛艦的確具有相當風險。

　　日本打從舊海軍時代就已建造過許多高性能潛艦，具備相關經驗與技術。自衛隊成立後，除了一開始由美國提供的初代黑潮號（貓鯊級潛艦）之外，之後的潛艦皆為自行研製。從戰後首款自製潛艦初代親潮級，到2024年服役的迅鯨號（SS-515），總共建造了11種艦型共59艘。研發新型潛艦時，必須預測超過10年之後的國際情勢與軍事技術進展，研製新型艤裝品、主機以及設計艦體就得耗費六年時間，建造又要花上四年。海上自衛隊的潛艦是由防衛省技術研究本部負責研製，川崎造船神戶工廠與三菱重工業神戶造船所以幾乎每年一艘的速度交互建造。

## 表　海上自衛隊潛艦的變遷

| 型號 | 建造數 | 服役期間 | 水下排水量 | 全長 | 特徵 |
|---|---|---|---|---|---|
| 黑潮號 | 1艘 | 1955-1970 | 2,400t | 95.1m | 租借美國貓鯊級潛艦翼齒鯛號（USS *Mingo*, SS-261） |
| 親潮號 | 1艘 | 1960-1977 | 1,424t | 78.8m | 參考伊 201 製成的戰後首艘自製潛艦。 |
| 早潮級 | 2艘 | 1962-1979 | 930t | 59m | 區域防衛用的小型潛艦。首次配備水壓發射式魚管。 |
| 夏潮級 | 2艘 | 1963-1980 | 1,000t | 61m | 早潮型的改良型。加裝艦底聲納。 |
| 大潮號 | 1艘 | 1965-1982 | 2,208t | 88m | 加大尺寸以提升航海性能。艦艉配備後魚雷管。 |
| 朝潮級 | 4艘 | 1966-1986 | 2,250t | 88m | 改良自大潮號。主機遙控化，變更聲納位置 |
| 渦潮級 | 7艘 | 1971-1996 | 2,450t | 72m | 首款淚滴型設計。完全雙殼式，住艙為 3 層構造。 |
| 夕潮級 | 10艘 | 1980-2008 | 2,900t | 76m | 首次採用大曲度型伸葉。配備整合式聲納系統與潛射型反艦飛彈（5 號艦以降）。 |
| 春潮級 | 7艘 | 1990-2017 | 3,200t | 77m | 採用高張力鋼（NS110），可潛航較深。配備紅外線偵測裝置與拖曳聲納。 |
| 親潮級 | 11艘 | 1998- | 4,000t | 82m | 首款雪茄型設計。採用側面聲納陣列與消音瓦。 |
| 蒼龍級 | 12艘 | 2009- | 4,200t | 84m | 世界最大級傳統動力潛艦。首次配備 AIP 主機，採用 X 型尾舵、非貫通式潛望鏡。 |
| 大鯨級 | 8艘（計畫） | 2022- | 4,200t以上 | 84m | 廢除 AIP，調整設計以讓鋰離子電池能夠發揮至最大限度的蒼龍級發展型。 |

插圖提供／伊勢崎軌道（https://isesakikidou.sakura.ne.jp/）、防衛省

# 海上自衛隊的潛艦部隊
## ～肩負戰備任務的潛艦從 16 艘擴編至 22 艘

　　海上自衛隊的部隊編制當中，最大的單位是自衛艦隊。其麾下包括護衛艦隊、潛水艦隊、航空集團等。配備潛艦的潛水艦隊，下轄第 1 潛水隊群（吳基地）與第 2 潛水隊群（橫須賀基地），第 1 潛水隊群配置第 1、第 3、第 5 奇數號潛水隊與潛艦救難艦千早號，第 2 潛水隊群則配置第 2、第 4、第 6 偶數號潛水隊與潛艦救難母艦千代田號。

　　由護衛艦構成的護衛艦隊，會讓多艘護衛艦組成支隊，由各艦構成艦隊協同行動。然而，潛水艦隊的潛艦基本上都是單獨行動，並不會組成支隊，跟一般印象中的艦隊不一樣。

　　潛水艦隊下轄潛艦包括 25 艘親潮級、蒼龍級、大鯨級。大鯨級為最新艦型，目前仍持續建造中。親潮級有 2 艘變更為訓練潛艦，大鯨級則有 1 艘變更為測試潛艦，3 艘皆隸屬改編自練習潛水隊的第 11 潛水隊。

　　日本自 1976 年以降，除了訓練潛艦之外，潛艦編制數量為 16 艘，並以每年新增 1 艘潛艦、讓 1 艘改為訓練潛艦的方式，維持 16 艘戰備體制。今後潛艦的役期將會延長，擴編為 22 艘體制（＋2 艘訓練潛艦）。潛艦在其他國家甚至會服役超過 30 年，日本只在一半時間便將之除役，因此延長役期並不會讓艦體耐用度迅速劣化（會執行延壽工程）。另外，由於每艘潛艦的人員編制包括軍官 10 餘人、士官兵等 70 人，因此官兵的教育體制也會隨之調整。

## 潛水艦隊的組織（2024 年 3 月時）

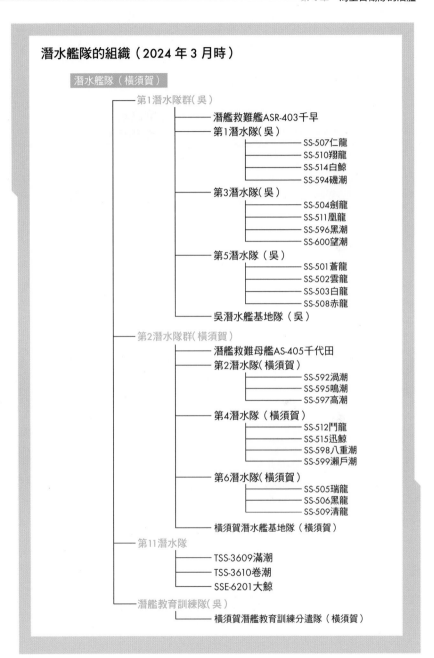

潛水艦隊（橫須賀）

第1潛水隊群( 吳 )

—— 潛艦救難艦ASR-403千早

—— 第1潛水隊( 吳 )
- SS-507仁龍
- SS-510翔龍
- SS-514白鯨
- SS-594磯潮

—— 第3潛水隊( 吳 )
- SS-504劍龍
- SS-511凰龍
- SS-596黑潮
- SS-600望潮

—— 第5潛水隊（吳 )
- SS-501蒼龍
- SS-502雲龍
- SS-503白龍
- SS-508赤龍

—— 吳潛水艦基地隊（吳 )

第2潛水隊群( 橫須賀 )

—— 潛艦救難母艦AS-405千代田

—— 第2潛水隊( 橫須賀 )
- SS-592渦潮
- SS-595鳴潮
- SS-597高潮

—— 第4潛水隊（橫須賀 )
- SS-512鬥龍
- SS-515迅鯨
- SS-598八重潮
- SS-599瀨戶潮

—— 第6潛水隊( 橫須賀 )
- SS-505瑞龍
- SS-506黑龍
- SS-509清龍

—— 橫須賀潛水艦基地隊（橫須賀 )

第11潛水隊
- TSS-3609滿潮
- TSS-3610卷潮
- SSE-6201大鯨

潛艦教育訓練隊( 吳 )
- 橫須賀潛艦教育訓練分遣隊（橫須賀 )

觀艦式出現的蒼龍級（前方）與春潮級（後方）編隊。實際上潛艦部隊並不會讓多艘潛艦像這樣組成編隊

圖／柿谷哲也

自造船廠航向吳基地，甫交艦服役的劍龍號。建造時漆上的艦號（此圖為504）在成軍之後不久就會抹除

圖／柿谷哲也

潛艦部隊配備於吳港與橫須賀，橫須賀的隊部位於美國海軍橫須賀基地內。圖為正於橫須賀基地入港的瀨戶潮號　　　　　　　　　圖／柿谷哲也

2022 年剛交艦服役的大鯨級潛艦 1 號艦大鯨號，2024 年將艦種變更為用來測試新型聲納等裝備的測試潛艦。　　　　　　　　　圖／柿谷哲也

# 大鯨級
## ～捨棄 AIP 改用鋰離子電池

　　大鯨級潛艦是從 2022 年開始服役的最新型潛艦，為 12 艘蒼龍級的後繼艦級。其標準排水量比蒼龍最終型多出 50 噸，達到 3,000 噸。水下排水量雖未公開，但推測應該有 4,300 噸。大鯨級的特徵在於並未配備 AIP 史特林機，而是將相關空間用來增設電瓶，並沿用從蒼龍級第 11 號艦凰龍號（SS-511）開始採用的新型鋰離子電池。海上自衛隊認為，透過搭載大量充電時間較短的鋰離子電池，驅動馬達的效率將會高於使用史特林機。海上自衛隊表示：「換用鋰離子電池之後，水下續航力與速率性能皆比以往潛艦大幅提升」。另外，2025 年服役的 4 號艦雷鯨號（SS-516）將柴油主機換成新型的 25 ／ 31 型，且還搭配發電效率較高的新型呼吸管。

　　大鯨級的聲納換用偵測能力較強的 ZQQ-8 高性能聲納系統，艦艏陣列採用與艦身合為一體的共形化設計，側面陣列的孔徑則有擴大，並採用光纖受波陣列技術，提升拖曳陣列的指向性能。各聲納可以相互整合，將取得的資訊顯示在螢幕上。潛望鏡採用新型的非貫穿式光電桅杆，稱為「光學感測器 A 型改 1」，可進行高解析度全彩攝影、紅外線攝影、雷射測距，並備有 ESM 功能。它與之前的「非貫穿式潛望鏡 1 型改 1」光電桅杆一樣，能將拍攝到的影像轉換為電子訊號，進行錄影與分析，並透過螢幕觀看。

　　大鯨級預計在 2029 年之前建造八艘，1 號艦大鯨號於 2024 年將艦種變更為測試潛艦（SSE），專門用來測試研發中的聲納與魚雷管等新型裝備。

大鯨級 1 號艦大鯨號。外觀與蒼龍級十分類似，上甲板寬度稍微比較寬一點。然而，其艦內人員住艙卻比蒼龍級狹窄。　　　　　　　　　圖／柿谷哲也

大鯨號（右）與蒼龍級黑龍號（左）。可看出兩者上甲板寬度、帆罩寬度、平衡翼裝設高度等差異，大鯨級的整體尺寸稍微比較大一點。　圖／柿谷哲也

# 親潮級
## ～艦體從淚滴型改成雪茄型

　　1998 年服役的親潮級潛艦，動力與前一代的春潮型相同，配備川崎重工的 15V25 柴油主機，但艦體卻從海上自衛隊長年採用的淚滴型改成雪茄型，是其最大變更。為了避免遭敵偵測，艦體表面以螺栓固定大量橡膠材質吸音瓦，是其外觀特徵。

　　艦體構造採用部分單殼式，因為親潮級是海上自衛隊首次採用側面聲納陣列的潛艦，為了確保艦內空間，並盡量降低水櫃充排水等噪音對聲納造成的影響，所以才改成這種設計。

　　採用雪茄型設計，聲納便移至艦艏下方，使得魚雷管能以下四、上二的方式集中配置於艦艏。如此一來，在魚雷艙內將魚雷自架台裝填至發射管的操作性也獲得了改善。魚雷使用 89 式魚雷，藉由 ZYQ-3 戰術戰鬥指揮儀，可同時線控導引六枚魚雷。除此之外，也有搭載 UGM-84（潛射型魚叉）反艦飛彈與水雷。

　　ZQQ-6 聲納系統由艦艏陣列、六處側面陣列、噪音監視音鼓、艦內加速度儀、艦外加速度儀（拖曳陣列）、截收陣列等各組聲納構成。這些聲納會由位於控制室後方的聲納室進行管制，並顯示相關資訊與敵艦位置，進行一元化管理。

　　潛望鏡使用 13 公尺潛望鏡 B 型改 5，應該很多人都知道，日本的潛望鏡自戰前便採用尼康（Nikon）製品，但似乎比較少人知道親潮級的潛望鏡上有裝設尼康的單眼相機。

親潮級是海上自衛隊首次採用雪茄型艦體的潛艦。圖為最後一艘親潮級，
第 11 號艦持潮號（SS-600）

圖／柿谷哲也

5 號艦磯潮號（SS-594）的控制室。艦長正以潛望鏡確認周邊海域。左側
顯控台為操控主機與充排水的設備

圖／柿谷哲也

# 蒼龍級
## ～採用 X 字型而非十字型尾舵

　　2009 年服役的蒼龍級潛艦，是以親潮級為基礎研製而成，採用許多新技術。蒼龍級比照親潮級，採用部份單殼的雙殼式設計。為了提高靜音性能，於帆罩前緣裝有一組 倒角整流罩（Fillet）的倒角整流罩，藉此降低不規則水流發出的噪音。

　　蒼龍級的 AIP 採用史特林機式，由瑞典的考庫姆公司研製，先將該公司的技術安裝於訓練潛艦朝潮號（SS-589）進行測試，再於蒼龍級搭載授權生產的 V4-275R Mk3 史特林機。

　　一般情況下，會以柴電主機與馬達航行，長期潛航則使用史特林機與馬達，藉此可潛航十四天左右。蒼龍級的馬達換用新研製的永久磁石馬達，體積比親潮級的直流馬達要小。

　　蒼龍級的尾舵也有變更，以往日本潛艦都是由橫翼與縱舵組成十字型尾舵，但蒼龍級則改成 X 字型配置的 X 尾舵。這樣不僅能夠提升水下機動性，也能避免水流干涉俥葉，具有降低噪音的效果。

　　另外，當潛艦坐沉於海底時，海底離 X 尾舵尖端的距離也比較遠，較不容易讓尾舵觸碰海底，這也是 X 尾舵的優點。由於潛艦平時的主要目的是情蒐監視，需要長時間待在同一地點，因此蒼龍級之所以會採用 X 尾舵並非單單只是要改善運動性能，同時也是為了避免在坐底時傷及尾舵。

　　蒼龍級潛艦的潛望鏡有一具與親潮級同為的「13 公尺潛望鏡 B 型改 5」，另外備有一具海上自衛隊首次採用的非貫通型潛望鏡 1 型。一如其名，這具潛望鏡並不會穿透壓力殼。此型非貫通型潛望鏡會將鏡頭伸出水面，拍攝影像後轉換為電子訊號，透過訊號線傳送至控制室，於螢幕顯示影像，原理就像是遙控式的數位攝影機。此款潛望鏡由達利思 UK 公司設計，三菱電機進口。

蒼龍級 1 號艦蒼龍號（SS-501）。雖然整體設計沿襲親潮級，但卻將尾舵
改成 X 型，是外觀最明顯的識別點　　　　　　　　　　　　　圖／柿谷哲也

蒼龍級 4 號艦劍龍號（SS-504）。蒼龍級帆罩前緣根部有加裝一組倒角整
流罩，據說能夠降低水下噪音　　　　　　　　　　　　　　　圖／柿谷哲也

其構型應該是以英國海軍機敏級潛艦搭載的 CM010 光電潛望鏡為藍本，但詳細性能並未公佈。CM010 系潛望鏡具備高感度攝影機，可執行全彩攝影、紅外線攝影（或熱影像攝影），並將 ESM 電戰設備列為標準配備。

蒼龍級也有配備親潮級搭載的電波偵測裝置 NZLR-1B 的改良型 NZLR-1C，若 CM010 系的非貫通型潛望鏡 1 型也有配備 ESM 設備，那它就有兩種不同的偵測裝置可以互補，即便只將潛望鏡伸出海面，也能截收敵艦（或飛機）發出的電波。透過潛望鏡、ESM 桅杆取得的敵情，以及由艦艇、側面陣列、TASS[※] 構成的 ZQQ-7 聲納系統取得的情資，都會顯示於 ZQX-11 潛艦戰情顯示裝置上。

蒼龍級雖然艦體外形與親潮級類似，但卻加入許多新功能，不僅提高了偵蒐能力、索敵能力、通信能力，長期滯洋能力也有變強，可說是與親潮級大相逕庭，高出一個等級。

※TASS：Towed Array Sonar System

蒼龍級 2 號艦雲龍號（SS-502）的桅杆。中央菱型桅杆是 CM010 光電潛望鏡。T 字型為平面搜索雷達，後方二根為通訊桅杆　　　　　　　　圖／柿谷哲也

光電潛望鏡拍攝的影像會顯示於控制室的顯示器，不必再像傳統潛望鏡那樣要貼上去用眼睛觀看　　　　　　　　　　　　　　　　圖／柿谷哲也

# 下一代潛艦研製
## ～新式推進系統與魚雷研究

原防衛省技術研究本部（TRDI[※]，現整併為防衛裝備廳）的艦艇裝備研究所，是負責研發新一代艦艇與艦載裝備的單位。該所於 2005 年在東京都目黑區的測試場設置了一座大型背景雜音循環水槽（Flow Noise Simulator），用以研究艦艇或水下武器的音響性能與流體力學性能，藉此精進提升相關設計。

背景雜音循環水槽內部會有水流循環，用以量測物體的流體噪音。該水槽長 66.4 公尺，寬 18.9 公尺，高 33.3 公尺，水槽頂部為裝有水下聽音陣列的測量槽，寬 2 公尺、長約 10 公尺。

測量槽內會設置潛艦、水面艦、魚雷等物體的模型，槽內會有流速 1.5 至 15 公尺／秒的水流循環，並維持絕對壓 10 至 300kPa 範圍的均等壓力，避免水流產生紊亂。另外，測量槽內還有設置兩座吸音塔，可將背景雜音的影響盡量壓低。此時自模型產生的水流噪音，便會由水下聽音陣列測量記錄。

背景雜音循環水槽還能利用雷射光與影像處理技術來測量物體產生的渦流，主要用於研究如何降低俥葉（螺旋槳）產生的噪音。

另外，艦艇裝備研究所的川崎支所則會進行有關潛艦與水面艦的磁性處理實驗。該所備有船體磁性模型實驗裝置，可利用裝有線圈與通上電流的船體模型觸動磁性感測器，藉此調查相關反應。此外還有水下電場水槽實驗裝置，讓船體模型在裝有鹽水的水槽內航行，研究如何減低因水下電場產生的磁性，為下一代潛艦與水面艦的研發工作提供參考。

※全名 Technical Research and Development Institute，現改稱防衛裝備廳（Acquisition, Technology & Logistics Agency, ATLA）

艦艇裝備研究所（東京都目黑區）的背景雜音循環水槽全景。長 66.4 公尺、高 33.3 公尺　　圖／柿谷哲也

將潛艦模型設置於長 10 公尺的測量槽體內，透過底部聽音器測量水流中的噪音　　　　圖／柿谷哲也

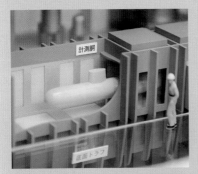

潛艦模型設置於測量槽內的示意模型　　　　　　　　　圖／柿谷哲也

艦艇裝備研究所使用新型潛艦模型進行磁性測量　　出處：防衛裝備廳網站
https：//www.mod.go.jp/atla/index.html

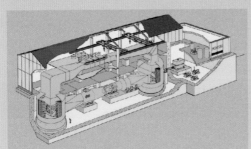

背景雜音循環水槽全景。上端較細的部份為測量槽（長 10 公尺、寬 2 公尺）
插圖／防衛省技術研究本部

# 潛艦救難（母）艦與 DSRV
## ～萬一出意外時的救命法寶

　　若要救援因事故坐沉於深海（坐底）的潛艦，使用專用救難潛艇（DSRV[※1]）直接與之連結最為有效。為了使用 DSRV，則須具備用來操作相關裝備與收容獲救潛艦乘員的潛艦救難艦作為母艦。

　　擁有潛艦的 42 個國家當中，具備潛艦救難艦的國家僅有 11 國，配備 DSRV 的國家更是只有 9 國。北約有建構一套共同潛艦救援系統（NSRS[※2]），日本則以潛艦救難母艦千代田號（AS-405）、潛艦救難艦千早號（ASR-403）搭載 DSRV 等救難設備。

　　千代田號與千早號搭載的 DSRV，是一艘水下排水量 40 噸、全長 12.4 公尺的小型潛艇。艇內有正駕駛與副駕駛各一名，在昏暗無光的海中透過三組聲納接近潛艦艙蓋，且還要避免撞到帆罩或潛望鏡。DSRV 順利接近潛艦後，會讓底部裙襬構造吸附潛艦艙蓋周圍的光滑部位，誤差僅容許數公分，完成連結操作，避免海水滲入。

　　DSRV 具備與潛艦艦體構造相同的壓力內殼，包括容納二名駕駛的駕駛艙、收容待救者的救援艙、控制馬達與鋅電池的機艙。駕駛艙、救援艙、機艙各自位於三個球形內殼當中，三個內殼會相互連接。由於救援艙非常狹窄，因此機艙也能容納一至二名人員，一次最多可搭乘十二名待救者。DSRV 會在海底潛艦與救難艦之間來回數趟，以救出事故潛艦的所有官兵。

　　除此之外，千代田號還有配備水下升降機式的救援艙（PTC[※3]），千早號則搭載遙控式無人救援裝置（ROV[※4]）。潛艦執行任務萬一碰到意外，就要靠這些設備救助。

※1 DSRV：Deep Submergence Rescue Vehicle
※2 編註：NATO Submarine Rescue System
※3 PTC：Personnel Transfer Capsule
※4 ROV：Remotely Operated Vehicle

潛艦救難母艦千代田號搭載的深海救難艇 DSRV。艇底能與潛艦上甲板艙蓋
連接，救出潛艦乘員　　　　　　　　　　　　　　　　圖／柿谷哲也

DSRV 的駕駛艙。除了使用攝影機確認周圍狀況，也能透過中間的窺視鏡目
視觀察　　　　　　　　　　　　　　　　　　　　　圖／柿谷哲也

# 伊朗的潛艦
## ～監視荷姆茲海峽

　　伊朗海軍擁有三艘基洛級潛艦、數艘自製法塔赫級潛艇（*Fateh*，水下排水量約 600 噸）、數艘較小型的納杭級潛艇（*Nahang*，水下排水量約 400 噸），用以進行反水面艦攻擊。除此之外，還有二十一艘加迪爾級小型潛艇（*Ghadir*，水下排水量約 120 噸）與北韓製南聯級潛艦（水下排水量約 110 噸）、游泳者級微型潛艇（水下排水量約 10 噸），是用來載運特種部隊的潛艇。

　　伊朗與阿曼隔著荷姆茲海峽（最窄處約三十三公里），伊朗位於東岸，伊斯蘭革命後便由基洛級潛艦、阿凡德級（*Alvand* class）巡防艦、P-3F 反潛機構成三位一體，逐一監視自荷姆茲海峽進入波斯灣的美國海軍以及包含日本在內的美國同盟國艦艇。基洛級潛艦不只用來監視外國艦艇，有事之際也會負責佈設水雷並執行通商破壞（攻擊油輪等商船）。

　　美國海軍某位驅逐艦艦長曾如此形容荷姆茲海峽：「在這麼狹窄的海域，必須得要同時執行反潛、防空、反水面等全方位戰術，可說是世界上最忙碌的海域」。

　　此區域的作戰是由指揮部位於巴林的第五艦隊負責，其潛艦作戰指揮部（CTF-54[※]）則由位於橫須賀基地的第七艦隊麾下第 74 特遣艦隊指揮部（CTF-74）兼任。之所以會如此安排，是因為美國海軍要將此區域的潛艦指揮系統一元化，消除第五艦隊與第七艦隊責任區的分界，讓潛艦作戰能夠更具彈性。

---

※編註：CTF-54、CTF-74 以及第七艦隊第 7 潛艦支隊（Submarine Group 7, CSG-7）指的是同一個單位，只是在不同的作戰領域，以不同的名稱稱之，其責任區涵蓋約 250 萬平方英里的海域，包括西太平洋、波斯灣，紅海，阿曼灣，阿拉伯海和印度洋的部分地區。

# 第 5 章

# 世界的潛艦

東亞海域可說是世界少數一觸即發的地區，周邊各國擁有的潛艦也陸續近代化。本章要介紹俄羅斯、中國、韓國、北韓、臺灣，以及美國的主力潛艦。

俄羅斯海軍的 636.3 型（基洛級）潛艦克拉斯諾達爾號（*Krasnodar*, B-265），是 2015 年 11 月服役的改良型潛艦

圖／柿谷哲也

# 洛杉磯級

攻擊型核動力潛艦 SSN　美　國

　　美國海軍的洛杉磯級（*Los Angeles* class）核動力潛艦自 1976 年登場開始，至 1996 年總共建造了 62 艘，其中已經有 38 艘除役。目前最新型的維吉尼亞級正以每年一艘的步調投入服役，艦齡超過 30 年的洛杉磯級則陸續汰除。雖說如此，洛杉磯級一直到 2030 年代仍會留在現役。

　　洛杉磯級研製於 1970 年代，當時美國海軍潛艦的最大功用是保護航艦戰鬥群不受蘇聯潛艦侵擾。然而，儘管當時的航艦、巡洋艦、驅逐艦最高速率皆已超過 30 節，但負責保護艦隊的鱘魚級（*Sturgeon* class）核動力潛艦水下速率卻只有 25 節左右，甚至會被蘇聯潛艦追著跑。等到水下速率可達 31 節的洛杉磯級登場後，艦隊作戰才變得比較具有彈性，洛杉磯級遂成為艦隊護衛不可或缺的存在。

　　特別是洛杉磯級的中期型（Flight II 型）以降，有加裝垂直發射系統（VLS），可配備戰斧巡弋飛彈，具長程對地打擊能力。在波斯灣戰爭、伊拉克戰爭、阿富汗等反恐戰爭中，曾以戰斧實施對地攻擊，為攻擊敵方據點的任務（打擊任務）作出貢獻。就這層意義而言，儘管洛杉磯級只是傳統戰力武器，但戰略價值卻足以比擬搭載核子武器的戰略型核動力潛艦。

　　洛杉磯級分為早期型的 Flight I 型、配備 VLS 以運用戰斧巡弋飛彈的 Flight II 型、將原本位於帆罩側面的平衡翼移至艦艏，並改成收放式設計的 Flight III 型（洛杉磯級改良型）。

　　洛杉磯級雖然並未配備於駐日美國海軍基地，但在西太平洋活動時，也會靠泊橫須賀、佐世保、沖繩等地進行補給，關島的阿普拉（Apra）基地有配備 4 艘。

洛杉磯級 Flight I 攻擊型核動力潛艦奧林匹亞號（USS *Olympia*, SSN-717）。平衡翼位於帆罩上的 Flight I 型正陸續除役。滿載排水量 7,012 噸、全長 109.73 公尺
圖／柿谷哲也

最後一艘洛杉磯級是 Flight III 型的夏延號（USS *Cheyenne*, SSN-773）。部份 Flight III 型的帆罩後方會有一片用來容納感測器的四方形蓋板，用途應該是用來監視後方
圖／柿谷哲也

# 海狼級

攻擊型核動力潛艦 SSN　美　國

　　海狼級（*Seawolf* class）是洛杉磯級的後繼艦，但僅有製造3艘。之所以會如此，是因為它在研製高峰期碰到蘇聯解體，預估蘇聯潛艦的能力應該會變差，且研發費用與建造費用也過於昂貴，不符合經濟效益，所以停止繼續建造。

　　海狼級的靜音性與深度潛航能力皆大幅優於洛杉磯級，各部位都有進行防震／防音處理，俥葉也用套筒包覆，與水噴射泵組合構成導管式泵噴推進器，靜音性能相當良好。為了下潛至更大深度，壓力殼等結構大多以 HY-110 高張力鋼進行強化。彈藥庫倍增於洛杉磯級，擴大至 52 座。由於這樣的構型是基於美蘇冷戰持續進行作為想定的設計，因此成本也隨之飆高。

　　海狼級 3 號艦吉米・卡特號（USS *Jimmy Carter*, SSN-23）的艦體構造與其他 2 艦不同，它從帆罩後方延長大約 30 公尺，在較長的壓力殼中央配置有如沙漏的蜂腰結構，在外殼與壓力殼之間留出空間。這個 30 公尺船段稱作多任務平台（Multi-Mission Platform），可作為特種作戰的指揮艙，容納特種部隊使用的潛艇、遙控載具（ROV）以及各種器材。

　　艦底開有供潛艇與遙控載具進出的艙口，艦身上半部左舷側也有大型開口，可拉出 ROV 操控系統，支援各種潛水載具的出發／回收作業。另外，它還備有供特種部隊通訊使用的特殊通訊桅杆。如此一來，吉米・卡特號除了具備另外二艘海狼級的能力，還特別加強了特種作戰能力，可說是艘特規潛艦。

海狼級攻擊型核動力潛艦康乃狄克號（USS *Connecticut*, SSN-22）。外觀特徵是艦體比其他攻擊型核動力潛艦粗了 2 公尺。水下排水量 9,138 噸、全長 108 公尺　　　　　　　　　　　　　　　　　　　　　圖／美國海軍

海狼級 1 號艦海狼號（USS *Seawolf*, SSN-21）。帆罩前端有倒角整流罩，頂端則有一組大型反水雷聲納，是其外觀特徵　　　圖／美國海軍

# 維吉尼亞級

攻擊型核動力潛艦 SSN ｜ 美 國

　　維吉尼亞級攻擊型核動力潛艦的 1 號艦於 2004 年服役，是美軍最新型的潛艦。它的靜音性能與海狼級維持相同水準，但速率與深潛能力僅略高於洛杉磯級，意圖壓低研製成本。

　　另外，以往的核動力艦船在除役之前都必須一度切開艦體以更換核燃料棒，但由於維吉尼亞級使用的是壽命較長的核燃料棒，因此在大約 30 年的服役期間都不須更換燃料棒，可藉此降低成本。

　　以往的攻擊型核動力潛艦都把設計重點放在偵巡能力與打擊能力，僅有部份潛艦會改造成能夠支援特種作戰的構型，不過維吉尼亞級從設計階段就有加入支援特種作戰的能力。

　　為了讓海豹特種部隊官兵進駐，在魚雷管附近設有可以容納 40 人的住艙，控制室後方則有能在水下讓海豹隊員進出船的密封艙（Airlock chamber）。密封艙最大可容納九人（八名海豹隊員與一名輔助人員），艙蓋與上甲板連結，只要等密封艙注滿海水，隊員便能以穿著潛水裝具的狀態游出艦外。密封艙的艙壁有格狀收納棚架，可用來放置隊員裝備。在潛艦外部的帆罩右舷，也有收納特種部隊裝備用的空間。

　　從 2014 年服役的 Block Ⅲ 型開始，艦艏聲納一改以往美國海軍使用的球形聲納，換成馬蹄形聲納。這款聲納是由可以發出聲波的主動陣列與用來接收對手聲波的被動陣列構成，稱為大孔徑艦首聲納（Large Aperture Bow Array, LAB）。

　　從 2027 年左右開始配備的 Block Ⅴ 型 2 號艦以降，會修改成全長 140 公尺、水下排水量 10,200 噸的放大版，透過由 28 組 VLS 構成的維吉尼亞級酬載模組（VPM[※]），以增加攜帶 28 枚戰斧飛彈。

※Virginia Payload Module

維吉尼亞級攻擊型核動力潛艦密西西比號（USS *Mississippi*, SSN-782）。
水下排水量 7,800 噸、全長 115 公尺　　　　　　　圖／美國海軍

維吉尼亞級新罕布夏號（USS *New Hampshire*, SSN-778）。此圖可看出它
的帆罩倒角整流罩比海狼級小一點　　　　　　　圖／美國海軍

# 俄亥俄級

戰略型核動力潛艦 SSBN | 美 國

　　俄亥俄級戰略型核動力潛艦（SSBN）是美國核子戰略的支柱之一，自 1981 年開始歷經 17 年總共建造 18 艘，目前仍有 14 艘處於現役。俄亥俄級扮演的角色，是在敵國發射核子飛彈之前先一步發射核子飛彈。

　　俄亥俄級的水下排水量為 18,750 噸，全長 170 公尺，是美國最大型的潛艦。艦上搭載 24 座三叉戟 SLBM（潛射型彈道飛彈）發射井，以垂直方式於帆罩後方並排兩列。俄羅斯與中國的 SSBN 上甲板會大幅隆起以容納飛彈發射井，但由於俄亥俄級搭載的三叉戟飛彈彈體比較短，因此不會隆起。它也有配備魚雷，可供自我防衛使用。

　　俄亥俄級備有專用通訊裝置，使用 OE-207 通訊桅杆。VLF 頻段與 LF 頻段用於資料傳輸，MF 頻段、HF 頻段、UHF 頻段用於資料傳輸及語音通訊。它也能接收 GPS 電波、發送敵我識別訊號（IFF）電波。為了同時進行二種以上通訊，OE-207 備有兩組。

　　美國的核子戰略是以俄羅斯為對手，因此俄亥俄級的活動範圍位於可讓 SLBM 在短時間內到達目標的北極海與北太平洋。由於它並不像戰術潛艦那樣易受國際情勢影響，因此會以一定周期從事活動。具體來說，太平洋與大西洋會各分配 7 艘，於數個海域輪班航海一至數個月。每艘潛艦都有兩組艦長與官兵，各組人員會換班出海值勤。只要一出港，就不會再停靠其他基地。

　　俄亥俄級的後繼艦型為超過二萬噸的哥倫比亞級（*Columbia class*），潛射彈道飛彈 SLBM 攜帶量比俄亥俄級少，僅有 16 枚。1 號艦於 2022 年開始建造，預計於 2031 年左右服役。哥倫比亞級預計建造 12 艘，每艘壽期為 40 年。

俄亥俄級戰略型核動力潛艦西維吉尼亞號（USS *West Virginia*, SSBN-736）。水下排水量 18,750 噸、全長 170 公尺　　　　圖／美國海軍

俄亥俄級的 14 號艦內布拉斯加號（USS *Nebraska*, SSBN-739）。甲板上可看見容納 24 枚三叉戟 II 型彈道飛彈的 VLS 艙蓋　　　　圖／美國海軍

# 俄亥俄級改裝型

巡弋飛彈核動力潛艦 SSGN ｜ 美　國

　　美國與俄羅斯透過簽署《第二次戰略武器縮減條約》（START II [※1]，1993 年），將手頭上的核彈頭數量縮減，潛射型彈道飛彈（SLBM）也列入削減對象。有鑑於此，俄亥俄級戰略型核動力潛艦的 1 至 4 號艦便於 2001 年卸除戰略任務。然而，這 4 艘潛艦仍具備充足戰力，將 SLBM 換成戰術用的戰斧巡弋飛彈之後，於 2007 年重新以俄亥俄級改裝型巡弋飛彈核動力潛艦（SSGN [※2]）的型態再度服役。

　　俄亥俄級改裝型將現有的 24 座 VLS 改裝成 22 座戰斧飛彈用構型，每座發射井可裝填 7 枚戰斧飛彈，最大可搭載 154 枚（22×7），是酬載戰斧飛彈數量最大的美國海軍艦艇。VLS 也能裝填長程水雷偵測系統、無人偵察機（UAV）等載具，並可直接發射。

　　剩下的 2 座 VLS 則改裝成特種部隊用的進出密封艙，隊員可在水下直接進出潛艦，上甲板也與乾式掛載艙（DDS）連接，可利用 DDS 內的水下載具（SDV）自水下出動。

　　俄亥俄級改裝型也有配備戰略型核動力潛艦原本不需要的戰術用桅杆，配備維吉尼亞級潛艦採用的光電桅杆。除可拍攝全彩影像、灰階高感度影像、紅外線熱影像之外，還備有雷射測距儀，用以測量目標距離。它也具備 ESM 功能，可蒐集全方位電磁波訊號，或是接收單一脈衝的指向性電磁波，並分析相關電磁波以釐清敵情，作為攻擊與防禦的參考。

　　以巡弋飛彈發動對地攻擊時，必須與其他艦艇或地面部隊相互協同，因此通信桅杆也換成 SubHDR [※3] 高速資料傳輸天線。這 4 艘預計於 2023 年至 2026 年除役，就此所有任務將交棒給維吉尼亞級負責。

※1 編註：Strategic Arms Reduction Treaty II
※2 Submersible Ship Guided missile Nuclear powered
※3 編註：Submarine High Data Rate

俄亥俄級改裝型核動力潛艦俄亥俄號（USS *Ohio*, SSGN- 726）。它解除了
彈道飛彈任務，於甲板上加裝 DDS。水下排水量 18,750 噸、全長 170 公尺
圖／美國海軍

自俄亥俄級密西根號（USS *Michigan*, SSGN-727）搭載的 DDS 拉出 SDV 用
滑軌的情況
圖／Hong Heebun

# 5-6 SEAL 水下載具「SDV」

傳統動力　美　國

　　部份洛杉磯級、海狼級、維吉尼亞級、俄亥俄級改裝型潛艦，為了供海豹特種部隊執行具彈性的登陸作戰、特種作戰，會自淺海入侵，並搭載用來運送武器等器材的海豹小組輸送載具 SDV[※1]。SDV 於 1970 年代開始研製，早期型的測試工作，是由橫須賀基地艦船修理廠的日本技師改造出的登陸運輸潛艦灰背魚號（USS *Grayback*, LPSS-574）負責進行。

　　最新型的 Mk.8 SDV 增加了酬載量，可運送大量武器與器材，並能在水下長時間待命。它可搭載約一個分隊（四至六人）的隊員，隊員會以揹負氣瓶等潛水裝具的姿態直接浸在海水中搭乘 SDV。此時若隊員直接使用揹負氣瓶中的空氣，活動時間就會縮短，因此 SDV 上也備有氣瓶供搭乘時使用。

　　Mk.8 SDV 是靠鋰離子電池驅動航行，由支援部隊的駕駛員與領航員負責操縱，但依據作戰內容，有時也會由海豹隊員駕駛。Mk.8 SDV 收容於潛艦上甲板的乾式掛載艙（DDS）內，有通道與艦內相連。使用時會在水下打開 DDS 艙門，並拉出承載 SDV 的滑軌，讓它駛出 DDS。英國海軍也有在使用 Mk.8 SDV。

　　在研製維吉尼亞級時，也有順帶研發非浸水式的小型潛艇，稱作先進型海豹運輸系統（ASDS[※2]），但由於研發期間發生事故，且評估經濟效益不佳，因此計畫於 2004 年告終，暫時會繼續使用 DDS 與 SDV。

　　除此之外，海豹部隊也從 2004 年開始運用水上摩托車。DDS 可搭載日本川崎汽車公司製造的四軸推進大型水上摩托車，潛艦會上浮至讓 DDS 剛好冒出海面的深度，供水上摩托車駛出。

---

※1 SDV：SEAL Delivery Vehicle
※2 ASDS：Advanced SEAL Delivery System

Mk.8 SDV 在水下自 DDS 出發。潛水人員以浸溼狀態搭乘　圖／美國海軍

　　1960 年代，中國人民解放軍在戰略飛彈的研製與配備方面有所進展，於 1966 年成立有別於陸海空軍的第二砲兵軍種（現升格為火箭軍），負責運用核子飛彈。除此之外，解放軍海軍也開始研製戰略型核動力潛艦，雖然因為遭逢文化大革命導致進度拖延，但仍在 1974 年於法國協助下推出 091 型（漢級 ※）核動力潛艦。

　　1983 年，改進型的 092 型（夏級）戰略型核動力潛艦（水下排水量 7,000 噸）投入服役，092 型可搭載 12 枚攜帶 250 至 500 千噸當量核彈頭的 JL-1 彈道飛彈（巨浪 1 型），最大射程 2,500 公里。雖然 092 型僅建造 1 艘，但也有文獻指稱其實有造出 2 艘，但其中 1 艘已沉沒。

　　接續 092 型的戰略型核動力潛艦是 094 型（晉級），094 型是基於 093 型（商級）攻擊型核動力潛艦研製而成。它在帆罩後方的艙段加上大型隆起結構，擴張上下空間，並把艦體延長約 30 公尺，用以設置彈道飛彈垂直發射管。094 型已經造出六艘，並有二艘正在建造，是目前的主力。其搭載的彈道飛彈換成 12 枚 JL-2（巨浪 2 型），可攜帶 1,000 千噸當量級核彈頭，射程 8,600 公里。094 型的後繼艦為 096 型核動力潛艦（北約代號：唐級），預計於 2020 年代後半開始服役，推估可搭載 16 枚（或 24 枚）JL-3（巨浪 3 型）。

　　中國的戰略型核動力潛艦是以北海艦隊的山東省青島（沙子口）基地、南海艦隊的海南省海南島亞龍灣基地作為據點，在運用上與美國的戰略型核動力潛艦不同，並不會遠離本土輪班待命。亞龍灣基地為了避免潛艦進出港被美國偵察衛星掌握，會在洞窟內的碼頭進行出港準備工作，一出洞窟便立刻潛航，藉此隱匿行蹤。

※ 漢級、夏級、晉級都是北約的代號。北約為了方便起見，會將敵國武器自行賦予代號。
中國海軍的軍艦是以單一漢字來識別。中國海軍的軍艦原本是以英文字母搭配數字來
表示艦型，中國國內並不稱「某某級」。北約代號為西方陣營與日本防衛省使用，新
聞報導也很常用。以前美軍也會逕自對二戰日軍武器賦予代號，例如「一式戰鬥機＝
奧斯卡」。

美國海軍 2014 公布的 094 型潛艦敞開飛彈發射井的照片

圖／美國海軍

094 型核動力戰略潛艦亮相 2009 年紀念解放軍海軍成立 60 週年的國際閱
艦式。094 型水下排水量 7,000 噸，總長 120 公尺　　　　圖／中國海軍

# 5-8 中國的核動力與傳統動力潛艦
## ～主力約為 50 艘傳統動力潛艦

中國海軍自 1958 年開始研製核動力潛艦，1970 年代初期在法國提供潛艦用核動力技術協助下，於 1974 年完成了 091 型（漢級）。091 型總共建造 5 艘，其中二艘前期型已經除役，三艘後期型仍處於現役。後期型的水下排水量為 4,639 噸，全長 101 公尺。091 型曾於 2004 年在石垣島周邊海域以潛航狀態入侵日本領海，讓日本下令發動海上警備行動（漢級核動力潛艦領海侵犯事件）。

093 型（商級）攻擊型核動力潛艦是從 2006 年開始服役的新型潛艦，水下排水量 7,000 噸、全長 110 公尺，具備 6 門魚雷管，可發射魚雷、反艦飛彈、巡弋飛彈。後繼艦 095 型核動力潛艦也正在研製。

除了核動力潛艦之外，解放軍還有大約 50 艘傳統動力型（柴電）潛艦仍在服役，是潛艦部隊的主力。柴電潛艦包括 035 型（明級）、039 型（宋級）、041 型（元級），以及購自俄羅斯的 877／636 型（基洛級）潛艦。035 型是從 1971 年開始服役的首款純自製潛艦，最後一艘於 2002 年服役，建造期間長達 30 年。035B 型的水下排水量為 2,147 噸、全長 76 公尺。中國的潛艦皆配備 6 門 533 公厘魚雷管，其中只有 035 型在艦艉裝有朝向後方的 2 門魚雷管。

039 型（宋級）接續 035 型之後投入量產，於 1999 年服役。配備德國製柴電主機、俄製魚雷、反艦飛彈，聲納系統與射控系統則為法國研製。水下排水量 2,286 噸、全長 74.9 公尺。中國海軍另外還有實驗潛艦（清級）與高爾夫級改裝型潛艦 2 艘，用於飛彈測試。

039G（宋級）柴電潛艦，從西方多國包括法國和德國獲得必要的關鍵技術建成的潛艦，水下排水量 2,250 噸，建造了 13 艘　　圖／SteKrueBe

三艘成群編隊航行的 039G（宋級）柴電潛艦，目前宋級共有 13 艘在服役，除了魚雷之外，還有使用反艦以及反潛飛彈　　圖／中國海軍

# 039A/039B 型（元級）

柴電動力潛艦 SS　　中　國

　　中國海軍的舊型潛艦噪音都很吵雜，很容易被日、美艦艇或反潛機發現，但從進口俄羅斯基洛級潛艦（877EKM 型與 636 型、636M 型），以此為藍本研製而成的 039A ／ 039B 型（元級）潛艦便相當安靜。

　　中國研製 039 型潛艦花了不少時間，為了彌補空窗期，先從俄羅斯購買了基洛級潛艦的完成品。進口潛艦包括二艘 877EKM 型（1994 年～）、2 艘提升主機功率及速率的 636 型，以及 8 艘可搭載射程 300 公里俱樂部 S 巡弋飛彈的 636M 型（～ 2006 年）。

　　039A 型是在引進基洛級後開始研製的潛艦，2006 年投入服役。截至 2014 年應該已經配備 12 艘，後續還有建造改良型的039B 型。

　　039A 型是以 039 型的艦體為基礎，引進基洛級（877EKM 型）的技術研製而成。水下排水量 2,400 噸、全長 72 公尺，艦體設計與基洛級相仿。特別是艦艏部位，配置與基洛級類似設計的魚雷管，以及放大版的艦艏聲納。據說它有配備史特林式 AIP，若此訊息為真，那它能執行作戰的時間應該會比以往潛艦還要長久。

　　039B 型是 039A 型的改良型，為 2014 年登場的最新型傳統柴電動力潛艦。它與 039A 型在外觀上的區別，在於帆罩頂端變得比較圓潤高聳，且帆罩根部前後端加上有如蒼龍級與維吉尼亞級的流線倒角整流罩，能穩定水流，提高水中靜音性。艦體全面加裝吸音瓦，防偵測性能有所提升。

039A 型（元級）攻擊型潛艦。水下排水量 2,400 噸、全長 72 公尺。圖為 2011 年海上自衛隊首次目視確認時，由 P-3C 巡邏機拍攝的畫面

圖／防衛省統合幕僚監部

636M 型潛艦以北約代號「*Kilo*」聞名，中國也會稱其為「基洛」

圖／漢和防衛評論（Kanwa）

韓國海軍的潛艦包括張保皋級、孫元一級、島山安昌浩級。張保皋級是由德國呂貝克工程辦公室（Ingenieurkontor Lübeck, IKL）設計、HDW 公司建造的 209 型潛艦，首艦直接進口，2 號、3 號艦的艦體在德國建造後，運送至韓國的大宇造船完成組裝，1993 年開始服役。4 號艦以降為授權生產，總共擁有 9 艘。動力採用 4 具 MTU 柴電主機，搭配西門子公司（Siemens）的馬達。水下排水量 1,285 噸，乘員僅有 33 人，屬於小型潛艦。

孫元一級的設計同樣來自德國，是德國海軍 212 型的外銷版 214 型。大宇造船從一開始便進行授權生產，2007 年開始服役，總共建造 9 艘。水下排水量 1,860 噸，乘員 27 人，動力為 2 具 MTU 柴電主機、2 組 HDW 公司的燃料電池式絕氣推進系統（AIP）。雖然基本設計與德國的 212 型相仿，但尺寸稍大，遠洋續航性能較佳，潛航測試時曾下潛至深度 400 公尺。張保皋級與孫元一級皆配備八門可以發射魚雷與魚叉反艦飛彈的 533 公厘魚雷管，孫元一級還可自魚雷管發射自製的青龍巡弋飛彈。

島山安昌浩級是韓國海軍和大宇造船海洋公司合作研製的自製潛艦，第一批次配備 3 具 MTU 柴電主機與自製燃料電池式 AIP 系統，第二批次則以鋰離子電池取代鉛酸電池。除了配備八門 533 公厘魚雷管，帆罩後方還有六組 VLS，可裝填潛射型彈道飛彈（SLBM），具有柴電動力型戰略潛艦的特性。第二批次預計將 VLS 增加至 10 組。1 號艦於 2021 年服役，3 號艦於 2024 年服役，總共計畫建造 9 艘。

張保皐級的 8 號艦羅大用號（SS-069）。該級從 4 號艦以降在韓國授權生產。水下排水量 1,285 噸、全長 56 公尺　圖／柿谷哲也

孫元一級的 2 號艦鄭地號（SS-073）。該級從 1 號艦開始便於韓國授權生產。水下排水量 1,860 噸、全長 65 公尺　圖／柿谷哲也

島山安昌浩級 1 號艦島山安昌浩號（SS-083）。水下排水量 3,800 噸、全長 83.5 公尺。帆罩後方備有 VLS
　圖／韓國國防部

# 羅密歐級、南聯級、鮭魚級、鯊魚級

柴電動力潛艦 SS ｜ 北　韓

　　北韓其實是亞洲數一數二的潛艦大國，有自製多款運送特種部隊與敵後工作人員的滲透用潛艇。羅密歐級潛艦是攻擊型潛艦主力，1973 年先取得 7 艘中國製羅密歐級，1976 年開始可以自製，1995 年之前已配備 20 艘，其中有 1 艘因事故沉沒。羅密歐級的官兵訓練工作，是由蘇聯進口的四艘威士忌級作為訓練潛艦使用。

　　另外，還有一款稱為新浦級的改造型羅密歐級潛艦，2015 年朝鮮中央電視台曾播出潛艦自水下發射酷似蘇聯 R-27（SS-N-6）彈道飛彈（SLBM）的畫面，推測應該就是由新浦級搭載。若此事屬實，那就代表北韓的核子飛彈問題已經擴大至潛艦運用範圍。如果北韓真的擁有戰略型潛艦，那對國際社會將會帶來重大影響。

　　南聯級潛艇是用來載運特種部隊，1960 年代由南斯拉夫設計製造，水下排水量 110 噸、全長 20 公尺。此級潛艇共建造 21 艘，目前據信有 10 艘左右仍在服役。有 2 艘於 1997 年外銷至越南。

　　鮭魚級也是特種部隊載運用潛艇，它是參考南聯級建造而成，水下排水量 123 噸、全長 29 公尺。據說建造超過 30 艘，至少有五艘外銷至伊朗。2010 年，韓國海軍發生天安號巡邏艦沉沒事件，據信是遭到鮭魚級以魚雷擊沉。

　　鯊魚級是目前的特種部隊載運潛艇主力，水下排水量 277 噸、全長 35.5 公尺，1995 年開始自製約 40 艘。

　　其中 1 艘於 1996 年在韓國東岸執行接應敵後工作人員的任務時觸礁擱淺，（參閱 **3-25**）。當事潛艇目前陳展於韓國江陵市的統一公園，上面裝有日本製造的平面搜索雷達與無線電等設備。北韓另外還有製造二艘鯊魚級的放大改良版。

633 型（羅密歐型）潛艦。為方便執行近岸作戰，艦體漆成綠色。圖為金正恩第一書記視察第 167 軍部隊的情景　　　　　　　　圖／朝鮮通訊＝時事

展示於韓國江陵市的擄獲鯊魚級潛艇，艇內也有公開　　　　　圖／柿谷哲也

# 半潛艇

傳統動力 ｜ 北 韓

　　北韓還有配備一種稱為半潛艇的艦艇類別，其外觀看起來像小型快艇，船內有水櫃，充入海水後可以潛入海面。北韓會在近海自母船（100 噸左右的漁船型）船艉放出半潛艇，接近韓國海岸執行敵後工作人員的滲透、回收任務。

　　1998 年，於韓國南部的麗水遭擊沉的半潛艇全長 12 公尺，內部空間可搭載三名乘員與大約四名敵後工作人員。動力為三具 375馬力的水星式柴油機，水面航速可達 40 節以上。半潛航時，前主水櫃會充入海水，下潛至深度 1.5 公尺左右，並升起收摺式呼吸管，以大約六節的速率進行呼吸管航行。

　　若對調整櫃充入海水，關閉主機後伸出收放式平衡翼與舵，最大可以下潛至 25 公尺左右。然而，由於它並未配備電瓶與馬達，因此完全潛航時只能以中性浮力漂流，或在淺海坐底。上浮時會啟動主機，將廢氣排煙吹入調整櫃以排出海水，藉此取得正浮力。

　　早期的半潛艇並未配備呼吸管，半潛航時僅能潛到讓駕駛座露出水面的深度，但 1998 年發現的半潛艇卻備有呼吸管，可完全下潛航行，算是具有劃時代性。舊型半潛艇曾被韓國多次擄獲，韓國海軍還有加以仿製，配備於 UDT ／ SEAL 特種部隊使用。

　　1999 年發生在日本能登半島海域的可疑船事件，第二大和丸等間諜船的船艉備有井圍甲板（塢艙），研判應該就是半潛艇的母船。

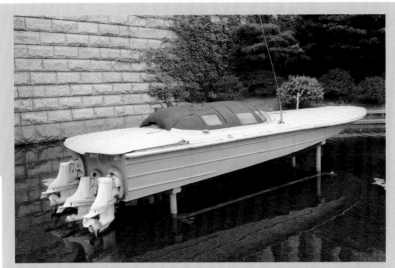

展示於首爾戰爭博物館的北韓半潛艇，1983 年擄獲。潛航時上半部會露出海面
圖／柿谷哲也

1998 年擄獲的北韓半潛艇。展示於韓國麗水市的半潛艇展示館。此為可進行呼吸管潛航的新型艇
圖／麗水市半潛艇展示館

## 5-13 茄比 II 型、劍龍級

柴電動力 SS ｜ 臺　灣

　　臺灣目前擁有海獅號（SS-791）、海豹號（SS-792）、海龍號（SS-793）、海虎號（SS-794）四艘現役潛艦。1973 年接艦的海獅號與海豹號，是美國海軍於 1940 年代設計的丁鱥級（Tench class）與巴勞鱥級（Balao class）潛艦，第二次世界大戰期間有 29 艘服役，後來取得的 2 艘是修改後的茄比（GUPPY）II 型 ※。2 艦皆於二次大戰期間下水，海獅號於 1945 年 5 月服役，海豹號則於 1946 年 4 月服役。它們的艦體年齡皆已超過 70 年，目前僅能用於官兵訓練等工作。

　　劍龍級的海龍號、海虎號則是於 1987 年自荷蘭引進，是荷蘭海軍旗魚級（Zwaardvis class）潛艦的改良型。原本預計在荷蘭建造六艘並且進口至臺灣，但造完二艘之後，卻因中國政府施壓而取消後續造艦。劍龍級配備三具 Stork-Werkspoor 公司的柴油主機、二具 Holec 公司的發電機。包括 SIASS 整合聲納系統、SINBADS-M 型作戰管理系統也都是荷蘭製品。533 公厘魚雷管共有六門，經過升級之後，已能發射可以進行對地打擊的 UGM-84L Block2 潛射型魚叉飛彈。

　　臺灣政府長年摸索如何取得接替劍龍級的新型潛艦，2001 年曾獲美國政府許可出售八艘柴電潛艦。但由於美國的造船廠只能建造核動力潛艦，因此諾斯洛普・格魯曼公司（Northrop Grumman）便提出以 1950 年代白魚級（Barbel class）柴電潛艦作為基礎的改良方案。然而，過時的白魚級對於改善臺灣海軍水下作戰能力而言，實在難有大幅提升。要想從第三國取得新造潛艦，就現實來說也相當困難，使得潛艦籌獲計畫屢遭頓挫。有鑑於此，臺灣國防部便從 2013 年左右開始評估潛艦國造方案（IDS），歷經篳路藍縷，終於在 2017 年 3 月 21 日簽署「潛艦國造設計啟動及和合作備忘錄」。

※水下推進能力改進計劃，全稱 Greater Underwater Propulsion Power Program

臺灣海軍於 1973 年購入前美國海軍茄比 II 型的帶魚號（USS *Cutlass*, SS-478），改名海獅潛艦　　　　　　　　　　　　　　　　圖／鄭繼文

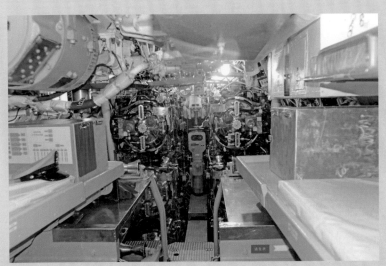

海獅號的前魚雷艙，充滿第二次世界大戰時期潛艦的氛圍，目前仍作為訓練艦使用　　　　　　　　　　　　　　　　　　　　　　　圖／鄭繼文

停靠在高雄左營軍港的海豹號潛艦，該艦作為訓練艦繼續在台灣服役

圖／鄭繼文

從荷蘭購入的劍龍級海虎號潛艦，2012 年劍龍級已經具備發射潛射型魚叉飛彈的能力

圖／總統府

從海面下浮起的海龍號潛艦，臺灣海軍在多年來都沒有取得新型潛艦

圖／總統府

海龍號潛艦與海軍的 S-70C 反潛直升機進行獵殺反潛演習　　　圖／總統府

2000 年代初期的海獅號官廳（上），以及 2020 年代全艦經過改裝升級後的官廳比較

圖／燎原出版

劍龍級控制室，經過「劍龍級潛艦戰鬥系統提升案」，現在已經具備應對現代化作戰的需求，是臺灣學習自製潛艦的其中一步

圖／燎原出版

完成現代化升級之後亮相的海獅號，最明顯的變化是帆罩上的桅杆出現了現代化的裝備

圖／燎原出版

# 海鯤級

柴電動力 SS ｜ 臺　灣

　　臺灣海軍首艘自製潛艦是由臺灣國際造船公司（CSBC）負責建造，2021 年 11 月 19 日於高雄開工。在潛艦設計方面，除了臺灣本國之外，還有獲得包括美國在內的多個國家協助，日本三菱重工與川崎重工的離職技術人員也有組成團隊，參與建造技術支援。國造潛艦於 2023 年 9 月 28 日的命名暨下水典禮首次對外亮相，艦名取為海鯤（SS-711）。

　　海鯤號的艦體設計類似劍龍級，帆罩前端有倒角整流罩，並採用 X 型尾舵。推定滿載排水量為 2,500 噸，全長 70 公尺、全寬 8 公尺，艦體構造為單、雙殼混合式設計。動力為自製柴電主機，1 號艦採用鉛酸電池，第 2 批預計改用自製鋰離子電池。

　　戰鬥系統為洛克希德‧馬丁公司（Lockheed Martin）提供的 AN／BYG-1 潛艦戰鬥管理系統的臺灣版，模組化可擴展聲納系統（MS3）則由雷神公司（Raytheon）提供，以艦艏聲納與側面陣列聲納構成。

　　首批艦並未配備拖曳聲納，偵蒐系統使用 L3 哈里斯公司（L3Harris）的光電桅杆。艦艏備有六門 533 公厘魚雷管，採上下各三門的方式分兩層配置，可發射 Mk48 Mod6 AT 魚雷、UGM-84 潛射型魚叉反艦飛彈，以及中山科學研究院研製的萬象水雷，魚雷艙可存放 18 枚重型魚雷。魚雷誘標系統由中科院自行研製，後段艦身兩舷共有 24 個誘標施放口。海鯤艦預計於 2025 年交付海軍，計畫建造八艘。

自工廠移往浮塢的海鯤號。側下方可看見側面陣列聲納,但也有可能只是臨時安裝。艦艏上端有一根截收聲納,此時以方形外罩覆蓋。帆罩上端也有一根形狀類似的裝備。
圖／臺灣國際造船公司

雖然外觀看起來類似劍龍級,但帆罩前端有加裝考量流體力學的倒角整流罩,並採用 X 型尾舵。
圖／臺灣國際造船公司

海鯤號帆罩特寫，可以看到該型艦採用類似德國 214 型的帆罩前端設置艙
門
圖／岳士迅

海鯤號帆罩前端艙門特寫
圖／岳士迅

海鯤號艦艏的六門 533 公厘魚雷管，採上下各三門的方式分兩層配置

圖／岳士迅

艦艏上端疑似截收聲納的位置，以方形外罩覆蓋著　　　　圖／岳士迅

# 667BD 型、667BDRM 型

戰略型核動力潛艦 SSBN ｜ 俄羅斯

　　俄羅斯擁有 4 種戰略型核動力潛艦，包括長年擔綱主力的三角洲Ⅲ級、三角洲Ⅳ級，以及作為今後主力的北風之神級（*Borei class*），以及頗具特色的颱風級。「三角洲」是北約代號，俄羅斯的正式名稱為「667 計畫」（Project 667）。

　　三角洲級於美蘇冷戰日益加劇的 1972 年登場，667B 型（三角洲Ⅰ級）建造了 18 艘，為了搭載十二枚尺寸較長的 R-29 彈道飛彈，帆罩後方的甲板有大幅隆起，是其設計特徵。將 667B 型的飛彈發射井增加至 16 座的 667BD 型（三角洲Ⅱ級）於 1975 年起建造四艘，以上這二級艦型皆已除役。

　　667BDR 型（三角洲Ⅲ級）於 1976 年登場，搭載每枚飛彈可配備三顆彈頭的多彈頭型 R-29R 彈道飛彈（最大射程 6,500 公里）。水下排水量 10,600 噸、全長 155 公尺，尺寸相當巨大。667BDR 型總共建造 14 艘，目前除了三艘留在堪察加半島的維柳欽斯克（Vilyuchinsk），其餘皆已除役（一艘變更艦種）。它們偶爾會進行飛彈發射訓練，或在北海道的北方浮航，曾被海上自衛隊的 P-3C 反潛機偵獲。

　　目前俄羅斯海軍的主力戰略型核動力潛艦是 667BDRM 型（三角洲Ⅳ級），該型潛艦於 1984 年登場，在 1990 年之前建造了七艘，全部配屬於歐洲方面的北方艦隊。水下排水量 12,100 噸、全長 167 公尺，尺寸與前級 667BDR 幾乎相同。667BDRM 型搭載 16 枚最多可裝入 10 顆 100 千噸當量核彈頭（R-29R 彈道飛彈的 2 倍）的 R-29RMU「湛藍」彈道飛彈（Sineva，最大射程 8,300 公里）。

667BDR 型（三角洲 III 級）戰略型核動力潛艦常勝者聖喬治號（*Svyatoy Georgiy Pobedonosets*, K-433）。水下排水量 10,600 噸、全長 155 公尺

　　　　　　　　　　　　　　　　　　　　　圖／俄羅斯海軍

667BDRM 型（三角洲 IV 級）戰略型核動力潛艦圖拉號（*Tula*, K-114）。水下排水量 12,100 噸、全長 167 公尺

　　　　　　　　　　　　　　　　　　　　　圖／俄羅斯海軍

# 941 型、955 型

戰略型核動力潛艦 SSBN ｜ 俄羅斯

　　941 型（颱風級）戰略型核動力潛艦[1]是由俄羅斯打造的史上最大型潛艦，水下排水量 26,925 噸、全長 171 公尺、全寬 24.6 公尺，比後述的北風之神級還要寬上 11 公尺。它的艦體之所以會如此寬，是因為採用潛艦罕見的雙伸推進，可搭載 20 枚 R-39 彈道飛彈（100 千噸當量以上、最大射程 8,250 公里）。1981 年登場當時，它那巨大的艦影令全世界震驚無比。1989 年之前總共建造六艘，但由於 R-39 飛彈於 2004 年停止服役，因此目前僅留下一艘作為預備役與裝備測試用，已不肩負戰略任務。人員起居艙間備有三溫暖與游泳池，後述的北風之神級也比照辦理。

　　955 型（北風之神級）是俄羅斯最新的戰略型核動力潛艦，用以取代兩型三角洲級。2014 年底已有 3 艘服役，到 2024 年已經再有四艘服役，一艘已經下水，且可能有四艘建造中。俄羅斯將其命名為「北風之神」，北約直接將其用於代號，正式型號為「955 型北風之神」。

　　北風之神級的水下排水量為 19,711 噸[2]、全長 170 公尺，尺寸同樣巨大，且是俄羅斯首次採用水噴射泵式推進。它可裝填 16 枚 R-30「圓錘」（Bulava）彈道飛彈。此型彈道飛彈每枚最多可裝載 10 顆 100 千噸當量核子彈頭，最大射程一萬公里。

　　4 號艦以降改稱為 955A 型，提升反偵測性能與通訊能力。北風之神級的 2 號艦亞歷山大·涅夫斯基號（*Alexander Nevsky*, K-550）在內的五艘 955A 型已經配備於太平洋艦隊，應該是用來取代部署在遠東的三角洲Ⅲ級。若真如此，不僅會對東亞軍事平衡造成影響，美國海軍的反潛作戰與潛艦運用也勢必得要連帶調整。

---

[1] 俄羅斯將其命名為「重型飛彈海底巡洋艦戰略計畫 941」。
[2] 俄羅斯也有資料顯示其為二萬噸。

941 型（颱風級）戰略型核動力潛艦。水下排水量 26,925 噸、全長 171 公尺

圖／Bellona Foundation

955 型（北風之神級）戰略型核動力潛艦弗拉基米爾・莫諾馬赫號（*Vladimir Monomakh*, K-551）

圖／俄羅斯海軍

**193**

# 949A 型、971 型、885 型

巡弋飛彈核動力潛艦 SSGN（949A 型）

攻擊型核動力潛艦 SSN　俄羅斯

俄羅斯的 949A 型（奧斯卡 II 級）核動力潛艦，在艦種分類上是屬於巡弋飛彈潛艦（SSGN）。其水下排水量為 18,594 噸，全長 154 公尺，可搭載 24 枚 P-700 反艦巡弋飛彈，從配置於帆罩左右兩側的發射口往斜前方發射。P-700 的動力為衝壓噴射發動機，射程可達 550 公里，可說是美國航艦打擊群最大的威脅。1981 年起有 13 艘服役，目前數量減至五艘。2000 年發生沉沒事故的庫斯克號（Kursk, K-141）就是 949A 型（奧斯卡 II 級）。

971 型（阿庫拉級）是沒有搭載巡弋飛彈的攻擊型核動力潛艦，1984 年起建造 15 艘，用於偵察、攻擊等任務，是通用型核動力潛艦的主力。它的靜音性能頗佳，登場當時堪稱已迎頭趕上西方陣營潛艦，促使西方陣營趕緊加強潛艦偵測技術與研製相關設備。後期型的 09710 型（阿庫拉 II 級）又進一步提升了靜音性能與通訊能力，水下排水量 9,652 噸、全長 110 公尺。目前有九艘處於現役，一艘租借給印度（2021 年已經歸還）。附帶一提，此級的「阿庫拉」是北約的代號，而俄羅斯賦予颱風級戰略型核動力潛艦的正式名稱也是「阿庫拉」，藉此擾亂北約的認知。

最新的攻擊型核動力潛艦是 885 型（亞森級），可搭載 24 枚射程 300 公里的 P-800 超音速反艦飛彈，火力相當強大。水下排水量 13,800 噸、全長 119 公尺，尺寸比阿庫拉級稍大，比奧斯卡 II 級稍小。該級艦是用來取代奧斯卡 II 級與阿庫拉級，1 號艦於 2013 年服役，預計取得 12 艘，以替換舊型的奧斯卡 II 級，也會配備至太平洋艦隊。如此一來，必定會對周邊國家的反潛偵巡體制造成影響。

949A 型（奧斯卡 II 級）巡弋飛彈核動力潛艦鄂木斯克號（*Omsk*, K-186）。
水下排水量 18,594 噸、全長 154 公尺　　　　　照片提供：俄羅斯海軍

885 型（亞森級）攻擊型核動力潛艦北德文斯克號（*Severodvinsk*, K-560）。
水下排水量 13,800 噸、全長 119 公尺　　　　　圖／俄羅斯海軍

**195**

# 877 型、636 型

柴電動力 SS ｜ 俄羅斯

俄羅斯潛艦給人的印象多半是核子動力，但其實也有使用柴電傳統動力的潛艦。北約代號基洛級的 877 型與 636 型潛艦，就是以柴電主機驅動馬達推進的柴電動力型潛艦。其水下排水量為 3,950 噸，全長 74 公尺，與海上自衛隊的親潮級同等級。2002 年為了參加海上自衛隊舉辦的國際觀艦式，曾造訪過東京灣。

基洛級除了俄羅斯海軍配備 17 艘之外，還有外銷至波蘭、羅馬尼亞、印度、伊朗、中國、阿爾及利亞、越南，也有計畫出口至委內瑞拉與印尼。綜觀全世界，大約有 50 艘基洛級存在，足以比擬大約售出 60 艘的德國 206 型潛艦，堪稱並列最暢銷的兩型潛艦。

基洛級於 1986 年出售給波蘭、羅馬尼亞，也賣了 10 艘給印度。然而，印度接艦後卻發生主電瓶性能降低、空調無法充分發揮功能的狀況。其原因在於寒冷的俄羅斯沿岸與地處熱帶的印度洋，接近海面深度的平均海水溫度相差超過 20℃，可說是在設計上未考量到的瑕疵。

有鑑於此，印度便將主電瓶換成德國製品，並改良空調系統。另外，伊朗在採購三艘基洛級時，也決定比照印度規格進行調整，但只有印度的基洛級可以搭載 3M-54 俱樂部反艦巡弋飛彈。由於 2013 年有一艘發生火災沉沒，因此印度目前僅擁有 9 艘。

中國因為自製潛艦建造進度從 1994 年開始落後的關係，決定先從俄羅斯引進潛艦完成品。在 12 艘俄製潛艦當中，有 10 艘是性能提升型的 636 ／ 636M 型。2014 年起，越南也開始配備相同構型的 636M 型，預定在 2016 年之前取得六艘。由於中越兩國在南海主權問題上互有矛盾，因此可能發生同型潛艦在水下對峙的狀況。

877M 型潛艦（基洛級）的馬格尼托哥爾斯克號（*Magnitogorsk*, B-471）。
水下排水量約 3,900 噸、全長 74 公尺　　　　　　　　　圖／俄羅斯海軍

波蘭海軍於 1982 年進口一艘 877E 型（基洛級）潛艦奧澤爾號（*Orze*,
291）。波蘭海軍另外也有採購四艘中古的西德製 205 型潛艦　圖／波蘭海軍

國家圖書館出版品預行編目(CIP)資料

深海孤狼：現代潛艦科技與戰術入門圖解/柿谷哲也著；張詠翔譯. -- 初版. -- 新北市：遠足文化事業股份有限公司燎原出版：遠足文化事業股份有限公司發行, 2024.09
200面；14.8×21公分
譯自：知られざる潛水艦の秘密：海中に潛んで敵を待ち受ける海の一匹狼
ISBN 978-626-98651-5-4(平裝)

1.CST: 潛水艇 2.CST: 戰術

597.67                                                                                                        113012567

## 參 考 文 獻

R.J.ユーリック／著（Robert J. Urick）、『水中音響学』（*Principles of Underwater Sound*）（京都通信社、 1983年）

トム・クランシー／著（湯姆・克蘭西）、平賀秀明／訳『トム・クランシーの原潛解剖』（*Submarine: A Guided Tour Inside a Nuclear Warship*，《核子潛艦之旅》）（新潮社、 1993年）

勝目純也／著『海上自衛隊潛水艦建艦史』（イカロス出版、 2014年）

『航空情報』別冊『潛哨戒機』（酣燈社、 1980年）

『世界の艦船』（海人社、 各期）

『防衛技術ジャーナル』（防衛技術協会、 各期）

山内敏秀/著『潛水艦の戦う技術』《潛艦的技術》（SBクリエイティブ、 2015年）

*Jane's Fighting Ships*, IHS

Norman Polmar, *The Ships and Aircraft of the U.S. Fleet*, NIP

Norman Friedman, *The Naval Institute Guide to World Naval Weapon Systems*, NIP

Roger Branfill-Cook, Torpedo, NIP

# 索引

# 深海孤狼
## 現代潛艦科技與戰術入門圖解

知られざる潜水艦の秘密
海中に潜んで敵を待ち受ける海の一匹狼

作者：柿谷哲也（Kakitani Tetsuya）
譯者：張詠翔
主編：區肇威（查理）
封面設計：倪旻鋒
內頁排版：簡至成

出版：燎原出版／遠足文化事業股份有限公司
發行：遠足文化事業股份有限公司（讀書共和國出版集團）
地址：新北市新店區民權路108-2號9樓
電話：02-22181417
信箱：sparkspub@gmail.com

法律顧問：華洋法律事務所／蘇文生律師
印刷：博客斯彩藝有限公司

出版：2024年9月／初版一刷
　　　電子書2024年9月／初版
定價：480元

ISBN 978-626-98651-5-4（平裝）
978-626-98651-6-1（EPUB）
978-626-98651-7-8（PDF）

燎原出版